巴黎日常料理

法國媽媽的美味私房菜48道

作者／殿 真理子。譯者／程馨頤

Bon Appétit！

巴黎日常料理

法國媽媽的美味私房菜 48 道

作　　者 殿 真理子
譯　　者 程馨頤
插　　畫 吉田奈美

發 行 人 程安琪
總 策 畫 程顯灝
編輯顧問 錢嘉琪
編輯顧問 潘秉新

總 編 輯 呂增娣
主　　編 李瓊絲、鍾若琦
執行編輯 程郁庭
編　　輯 吳孟蓉、許雅眉
編輯助理 張雅茹
美術主編 潘大智
美術設計 劉旻旻
行銷企劃 謝儀方
出 版 者 橘子文化事業有限公司

總 代 理 三友圖書有限公司
地　　址 106 台北市安和路 2 段 213 號 4 樓
電　　話 (02) 2377-4155
傳　　真 (02) 2377-4355
E － mail service@sanyau.com.tw
郵政劃撥 05844889 三友圖書有限公司

總 經 銷 大和書報圖書股份有限公司
地　　址 新北市新莊區五工五路 2 號
電　　話 (02) 8990-2588
傳　　真 (02) 2299-7900

初　　版 2014 年 5 月
定　　價 新台幣 300 元
Ｉ Ｓ Ｂ Ｎ 978-986-364-001-1（平裝）

版權所有・翻印必究
書若有破損缺頁 請寄回本社更換

國家圖書館出版品預行編目 (CIP) 資料

巴黎日常料理：法國媽媽的美味私房菜
48 道 / 殿 真理子作 . -- 初版 . -- 臺北
市：橘子文化，2014.05
　　面；　公分
ISBN 978-986-364-001-1(平裝)

1. 食譜 2. 法國

427.12　　　　　　　　103007489

Préface
序

注重禮節且拘謹是法國料理給人的第一印象，但那是在高級餐廳用餐時的事。在巴黎住了 10 年，我所知道的「法國日常料理」是既純樸又簡單的料理。

在法國，和朋友相約吃飯時大多不會外出用餐，而是去其中一人的家裡相聚。而他們家庭派對上的料理，並非是特別的宴客菜，而是樸實親切的日常佳餚。對我來說，這就像是到了料理學校學習一樣，僅使用鹽、胡椒、橄欖油、香草等單純的調味料，便能做出如此美味的祕訣是什麼呢？我習慣向人請教有興趣的食譜，回家後試著自己做做看。有時從朋友的媽媽那裡學來一些傳統家庭私房菜，有時也會把在當地小餐館品嘗到的料理，用自己的風格來詮釋。

本書介紹許多從我身旁的法國人身上學到的日常料理。不僅是每天餐桌上的一道道佳餚，也是宴客和舉辦活動時的好選擇。請你們也務必試著做看看。那麼各位，Bon Appétit！（請盡情享用！）

殿 真理子

本書使用方法

- 1 量杯為 200ml，1 大匙為 15ml，1 小匙則為 5ml。
- 食譜中的奶油若沒有特別標示，皆使用含鹽奶油。
- 皆使用中等大小的雞蛋來製作。

- 細砂糖可用白砂糖代替。
- 烤箱使用電子烤箱。由於烘烤的狀況會根據機種不同而有所差異，建議溫度和時間以食譜標示為大致基準，再視情況調整。

Chapter 1
餐前菜

「Apéritif」原義為餐前酒，有時也可當作是「餐前的簡單小菜」。例如即使一手拿著香檳杯，也能輕易挾取的餐點，或是用小牙籤一戳就能一口品嘗的食物等。是外觀可愛，並且能在派對或宴客時活絡氣氛的料理。

3 種特調法式抹醬
Trois variétés de Tartinade

在法國人的餐桌上，吃餐前菜時最不可或缺的，就是各種口味的抹醬了。
雖然只要到超市就能買到各式各樣的口味，但比起來，還是自製的別有一番滋味。
只要將材料放入食物調理機裡，就能輕鬆做出道地的法式風味。
也請試著抹在鹹餅乾、法國麵包或生菜上細細品嘗吧。

法式橄欖醬／橄欖抹醬（照片左後方）
材料（容易製作的份量）
橄欖…100g
大蒜…1～2顆
酸豆…1大匙
鯷魚…2～3條
檸檬汁…⅙顆量
橄欖油…3～4大匙
羅勒葉…5片
鹽、胡椒…適量

鷹嘴豆泥／鷹嘴豆抹醬（照片右方）
材料（容易製作的份量）
水煮鷹嘴豆（請確實地將水分瀝乾）…100g
橄欖油…1大匙
檸檬汁…⅙顆量
大蒜…1顆
辣椒粉…適量
小茴香粉…適量
芝麻醬（或白芝麻醬）…2大匙
鹽、胡椒…適量

法式番茄抹醬（照片正前方）
材料（容易製作的份量）
油漬乾燥番茄…100g
＊若不使用油漬番茄，可以熱水泡軟的番茄代替
大蒜…1～2顆
羅勒葉…3片
義大利扁葉香芹…適量
荷蘭芹…適量
橄欖油…2大匙
松子…15g
帕瑪森乾酪…2大匙
鹽、胡椒…適量

作法

每道食譜的材料除了鹽、胡椒以外，全都要放進食物調理機裡。「法式橄欖醬」和「法式番茄抹醬」只需要大略地攪拌一下，「鷹嘴豆泥」則需要攪拌至質地表面呈現滑順狀為止。試過味道後適量加入鹽、胡椒即可。

memo

如果製作「法式番茄抹醬」時沒有使用油漬番茄，橄欖油的量就需要再多增加一些。另外，不同的乾燥番茄其鹹味也會有所不同，請試過味道後依照個人喜好調整用量。

法式薄鬆餅
Blinis

這款不甜膩的薄鬆餅，是以蕎麥麵粉製作而成。
有著溫潤 Q 彈的口感及單純樸素的味道。
試著放上各式抹醬或魚子醬、起司等喜歡的配料一起享用吧。
可愛的外觀拿來當派對或宴客小點剛剛好。

材料（一片直徑 5cm）

蕎麥麵粉…40g
低筋麵粉…25g
雞蛋（先分成蛋黃和蛋白）…1 顆
速發乾酵母…2g
牛奶…90cc
砂糖…⅔小匙
鹽…1 小撮
奶油（融化狀）…25g
鮪魚美乃滋（取適量的鮪魚、美乃滋、
洋蔥末及胡椒鹽拌勻）…適量
鮭魚、奶油起司、義大利扁葉香芹、洋茴香…適量

作法

1 將牛奶倒入鍋中，加熱至溫熱（約 37℃）。關火後加入砂糖、酵母並攪拌均勻。

2 粉類製品於鋼盆中混合，加入作法 1 並以攪拌器拌勻。完成後包上保鮮膜，靜置於溫暖處約 30 分鐘。

3 於作法 2 中依序加入蛋黃、融化後的奶油並攪拌均勻。放置於溫暖處約 30 分鐘待其發酵。待有少許泡泡浮起、表面稍微膨脹時即發酵完成。

4 另取一鋼盆，放入蛋白及鹽，以攪拌器攪打至硬性發泡後，加入作法 3。注意應避免壓壞打好的泡沫，邊用橡膠刮刀輕輕拌勻，成蛋奶麵糊。

5 平底鍋中放入適量奶油（額外的份量）加熱後，倒入約直徑 5cm、厚度 3mm 的蛋奶麵糊，用小火將表面煎至金黃色為止。

6 最後放上鮪魚美乃滋、義大利扁葉香芹、鮭魚、奶油起司和洋茴香等喜歡的配料即可享用。

4

5

memo

也可於設定在 30 ～ 40℃ 的烤箱中靜置發酵，既方便又快速。

鮪魚起司法式鹹蛋糕

Cake salé au fromage et au thon

所謂的法式鹹蛋糕（Cake Salé），就是有鹹味配料的磅蛋糕。
培根配橄欖、菠菜搭羊奶乳酪等，只要試著更換中間配料就能玩得很開心。
其中，從朋友的媽媽那兒學來、帶有溫潤口感的鮪魚起司口味是我的最愛。
只以起司的鹹味當作調味，所以口味十分清淡，有種無論多少都吃得下的感覺。

材料（一個磅蛋糕模型(7cm x 19cm)的量）

鮪魚罐頭（先將油瀝掉）⋯200g

起司⋯100g

荷蘭芹（切碎成末）⋯適量

低筋麵粉⋯100g

泡打粉⋯½ 小匙

雞蛋⋯3 顆

牛奶⋯80cc

沙拉油⋯110cc

4

4

作法

1　適量地抹上薄薄一層沙拉油（額外份量）於模型中。

2　將雞蛋於鋼盆內打散，加入牛奶和沙拉油，再以攪拌器拌勻。

3　粉類製品混合後過篩於盆內，輕輕地篩至沒有顆粒為止。

4　依序加入起司、鮪魚和荷蘭芹，用橡膠刮刀拌勻，倒入模型中。

5　作法 4 放進預熱至 180℃ 的烤箱，烤約 45 分鐘。最後用竹籤
　　在蛋糕體上戳幾下，若沒有沾黏即代表烘烤完成。

西班牙馬鈴薯蛋餅
Tortilla

這是無論大人還是小孩都相當喜歡、份量十足的西班牙式歐姆蛋捲。
只要切成好拿的骰子狀讓大家一塊塊分食，頓時就有置身於派對的錯覺。
切得大塊些再加上一點沙拉，就可當作是前菜或早午餐。
雖說不管放什麼材料進去都很好吃，但還是先試試這道經典款吧。

材料（一個平底鍋（約直徑 17cm）的量）

馬鈴薯（切成厚度 5mm、¼圓的薄切）…3 顆
洋蔥（薄切）…¼顆
培根（隔 1cm 切）…100g
蛋液…3 ～ 4 顆量
橄欖油…適量
鹽、胡椒…適量

作法

1 倒入適量橄欖油於平底鍋加熱，倒入馬鈴薯、洋蔥及培根以中火拌炒。待食材變軟後轉小火，蓋上蓋子蒸煮。視情況慢慢攪動至馬鈴薯鬆軟熟透為止。最後再加入鹽、胡椒調味。

2 在作法 1 中倒入蛋液，並以繞圈搖動鍋子的方式來煎烤，等表面呈現焦黃色後，倒扣至盤子或其他器皿上，接著再將反面倒扣回鍋內以同樣的方式煎熟。

1

memo

主要的材料為馬鈴薯，至於其他的食材則可依照個人的喜好加入辣椒粉、菠菜、生火腿、大蒜等。由於拌炒蔬菜時加入的鹽和胡椒是主要的調味，所以量可稍微多些調重口味。

10 分鐘
（不含烘烤時間）

20 個

烤箱速成簡易咖哩角
Samoussa juste cuit au four

所謂的「咖哩角 Samoussa」，
是把拌炒過香料的食材用薄餅皮包裹住的油炸料理。
油炸是正統 Samoussa 的作法，但在此僅在表面塗上一層油來烘烤，步驟更加簡單。
可利用剩餘的食材或料理來製作，是輕輕鬆鬆就可完成的一品。
自從跟朋友學來後就成了我家的經典食譜。配上啤酒更是讓人欲罷不能。

材料

土耳其捲餅皮…5 片

＊麵粉製成的薄餅皮，也可用大片的春捲皮

餡料…適量

- 餡料 1：混合絞肉的乾式咖哩（絞肉、洋蔥末以 2：1 的比例混合，加入適量大蒜末拌炒，再以鹽、胡椒和咖哩粉調味）
- 餡料 2：乳清乾酪（Ricotta cheese）、西班牙臘腸
- 餡料 3：熟馬鈴薯泥、烤雞腿肉、羅勒醬汁

＊也可依個人喜好

橄欖油（或沙拉油）…適量

低筋麵粉水（1：1）…適量

作法

1 準備各式內餡（過大的食材預先切成小塊）。

2 將土耳其捲餅皮切成細長的 4 等分。放上餡料後包成三角形，並沾裹些許低筋麵粉水來固定餅皮切口。

3 用刷子在表面塗上橄欖油，放進預熱至 210℃ 的烤箱烘烤約 10 分鐘。待表面烤至金黃色時即大功告成。

memo

像是鮪魚罐頭、乾燥番茄、火腿、培根、起司、香腸等，試著利用冰箱內剩餘的食材來製作吧。祕訣是放一項鹹味較重的食材進去。需要先煮熟的內餡則可事先炒過，等要使用時再放入微波爐加熱即可。

法式圈圈火腿捲派
Petits roulés feuilletés au jambon

這道使用派皮製成的簡易火腿捲，是我請朋友教我的。
不僅受孩子們歡迎，作為大人們的下酒菜也廣受好評。
剛出爐、熱騰騰的火腿捲派，讓人不禁一口接一口，轉眼就全吃光了。
除了火腿和起司，也試著把喜歡的食材一圈一圈地捲進去吧。

材料

冷凍派皮（請事先解凍）…1～2 張
火腿…4～6 片（配合派皮的大小來重疊組合）
披薩用起司…約 40g

1

作法

1　火腿片鋪放在派皮上，並撒滿大量起司。
2　將作法 1 捲起，每隔約 2cm 切段（放在冷凍
　　庫稍微冷卻一下比較好切）。
3　烘焙紙鋪在桌面，排放作法 2。最後放進預
　　熱至 200℃的烤箱，烘烤約 15 分鐘即可。

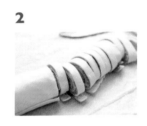

2

memo

法國當地有在販賣圓形的派皮。
而根據不同的製造商，派皮的大
小也會有所不同。請依照派皮的
大小來調整火腿及起司的用量。
另外，也十分推薦莫札瑞拉起司
（Mozzarella）、乾燥番茄、羅勒醬
汁搭配上芝麻菜的組合。

烤油漬沙丁魚罐頭

Sardine grillée à l'huile dans sa boîte

這是連著罐頭本身一起放進烤箱烘烤的超簡單下酒菜。
直接把罐頭擺上桌，有種說不出的時尚，每次都讓餐桌上的氣氛頓時熱絡了起來。
雖說油漬沙丁魚罐頭有著各種豐富的口味，可以任意選擇其中一種來製作，
不過我還是最推薦不加任何修飾的單純原味。

材料（容易製作的份量）

油漬沙丁魚罐頭（先把油瀝掉）…1 罐
白酒（或料理酒）…1 小匙
醬油…1 小匙
麵包粉…適量
七味辣椒粉…少許
＊如果有 Espelette 辣椒粉為佳
檸檬汁…適量

作法

1 把白酒和醬油澆在罐頭裡的油漬沙丁魚上，接著撒滿麵包粉。
2 放進預熱至 200 ～ 220℃ 的烤箱，烘烤 15 ～ 20 分鐘，直到麵
   包粉呈現焦黃色為止。
3 撒上七味辣椒粉和檸檬汁，趁熱趕緊開動吧。

Espelette 辣椒粉是法國
的巴斯克地區所出產的
辣椒粉。它的特色是不
會過於辛辣。

memo
熟透的油漬沙丁魚是最好吃的。
記得視情況調整烘烤時間。

Cuisines à Paris
巴黎的廚房

法國的廚房絕對不是走實用路線。每到假日，擅長
自己動手敲打改造的法國人，在廚房內一會兒裝架
子、一會兒塗油漆，有時又貼貼磁磚，都是為了讓
家人使用得更為方便舒適，而特別改製。

他們的廚房樣式看似雜亂無章，卻又莫名有種亂中
有序的美麗，常令我感到不可思議。那些看來像是
從祖母時代使用至今的老舊桶罐、裝著色彩繽紛的
調味料瓶和茶葉瓶、吊掛在牆上的烹飪器具、擺飾
在窗邊的羅勒等香草類植物等等，法國人能夠將形
狀、顏色、大小不盡相同的物品，巧妙且品味良好
地排列組合，實在是讓人相當佩服。如果在這樣的
廚房裡做菜，那麼日復一日的料理工作感覺就變成
相當快樂的事了。

繽紛的 Tiffiny 藍最棒了！只要把原有的櫃子
與架子重新塗上油漆後，廚房便煥然一新。
據說這全是手工改造的成果。

【 鄉村風廚房 】

只是把鍋子與廚房小物隨意擺放，便散發出
時髦的氛圍。室內多彩的色調搭配上素雅風
格的復古廚房器具，這就是風格獨具的法國
鄉間廚房。

【調味料】

巧妙地利用瓶瓶罐罐做出「一眼瞧見收納術」，是巴黎特有的廚房風格。除了方便使用之外，不知怎麼地更散發出一抹時髦的氛圍。

【吊掛收納術】

在巴黎的廚房裡，常可看到「無論什麼東西都吊起來」的收納術！雖說似乎是因為他們收納的空間較少，卻也意外地有條理且方便。

【窗邊】

這是朋友鄉下的娘家中廚房的窗邊。只要吊掛上朋友寄回家的信，再放幾盆觀賞植物，搖身一變，就成了令人舒適愉快的小小空間。雖然擺放著許多東西，卻絲毫不零亂。

【小物】

不經意地懸掛在廚房窗邊的小黑板。也許是為了孩子們的學習而用法文寫滿了單字。如果是用這種方式的話，總覺得就能輕鬆記住呢。

法國人的用餐時間

在法國人的餐桌上,有件令日本人感到十分驚奇的事。那就是,為了讓大家能夠邊吃邊享受談話,他們的用餐時間幾乎是不可思議地久。也許是因為吃的速度不快,大腦很容易感到心滿意足,有時還甚至到了前菜結束時,肚子就不知不覺已有飽足感的那種程度。

法國人用餐時,並非像日本是一次將餐點全部擺上,而是分成前菜／主菜／甜點,這樣一盤盤地依序輪流上桌。在他們的派對中,上前菜之前的餐前菜時間,有時甚至會有好幾個小時,在甜點上桌前則會提供起司給大家食用。雖然餐點的數量偶爾會增加,但基本上都是差不多的一套流程。總讓人有種在家裡吃全套料理的感覺。雖然我剛去時常常沒辦法順利撐到最後的甜點,吃了不少苦。不過現在倒是完全習慣了法式用餐風格,也變得非常享受桌前的談天了。

Chapter 2
前菜

法國家庭用餐時一定都會有前菜，像是使用大量當季蔬菜的料理、能夠預先做好保存的食物、搭配著吃不知不覺就能把酒飲盡的餐點、份量滿滿的菜餚等等。沒有所謂一定要吃哪一道的規定，前菜的種類繁多且樣式各不相同，也有能夠成為午餐選擇的輕便菜色。

10 分鐘

2 人份

生鮭魚韃靼
Tartare de saumon

在法國前菜中常出現的魚料理，
可使用鮪魚、扇貝、鯛魚等各種新鮮海鮮來製作。
在此，我特意裝飾成帶有當地小餐館時尚風格的「圓形擺盤」。
雖然步驟簡單，但只要稍微用心裝盤，樸實料理也能華麗變身。

材料

薄切鮭魚生魚片（用菜刀拍打後細切）…約 200g
小黃瓜丁（約 5mm）…½ 根量
比利時紅蔥頭碎末（也可用洋蔥）…30 ～ 40g
橄欖油…1 ～ 2 大匙
葡萄酒醋…1 大匙
鹽、胡椒…適量
橄欖油、義大利香醋、洋茴香（裝飾用）…適量

作法

1 鮭魚、紅蔥頭、橄欖油、葡萄酒醋、鹽和胡椒倒入容器
  中並混合均勻。
2 於盤中擺上圓形模型（若無也可用較厚的紙自製），依序
  鋪上小黃瓜和作法 1，取下模型。
3 將洋茴香放置最上層，在盤緣淋上橄欖油、義大利香醋
  裝飾。

memo

也可在最上層撒一些帕瑪森乾酪
或松露，製作成豪華版本。

紅蔥頭（shallot）是製作法
國料理不可或缺的蔬菜之
一。沒有過多辣味，經常
作為沙拉調味和料理時添
加的醬汁等。在日本是以
「比利時紅蔥頭（Belgium
shallot）」為名來販賣。而
一般日本市面上標示的「紅
蔥頭（shallot）」則是所謂
的野韭。

15分鐘

法國小餐館風味嫩煮白蘆筍
Asperges blanches façon bistrot

2人份

早春至初夏時，隨處都能看見市場上擺放著漂亮的蘆筍。
在法國家庭的廚房裡，白蘆筍是一道不可缺少的食材。
將之煮到鮮豔有光澤感是當地特有的作法，不過我更喜愛的是白蘆筍那爽口清脆的口感。
請試著搭配風味獨特的食材一起享用吧。

材料

白蘆筍（切除根部，並削掉表面硬皮）…10 支
酸豆（切碎成末）…1 大匙
大蒜（切碎成末）…1 顆
蔥（切碎成末）…2 大匙
橄欖（切成圓片）…6 ～ 7 顆
生火腿（撕成適當的大小）1 ～ 2 片
＊也可用普通的火腿代替
醃黃瓜（切碎成末）…4 ～ 5 根
橄欖油…3 大匙
帕瑪森乾酪…適量
義大利香醋…適量
七味辣椒粉…適量（Espelette 辣椒粉為佳／見 p.23）

作法

1 水倒入鍋中煮沸後，加適量鹽（額外份量），再放進白蘆筍煮熟。

2 橄欖油 1 大匙倒入平底鍋加熱，加進作法 1 並拌炒至表面呈現淡淡焦黃色，盛放至盤中。

3 於同一平底鍋中加橄欖油 2 大匙及大蒜爆香，待香味出來後放入酸豆、蔥、橄欖、生火腿和醃黃瓜快炒，再盛盤至作法 2 上。

4 最後在成品表面撒上帕瑪森乾酪，再以義大利香醋、七味辣椒粉裝飾點綴。

memo

煮白蘆筍時，記得把切掉的蘆筍
根部和表皮一起丟進鍋中煮，這
是讓此道料理更加美味的小祕訣。

法式鹹派
Quiche Lorraine

在法國，說到午餐料理就會想到法式鹹派。
即使在麵包店或咖啡廳也有各種口味可選擇，更是法國媽媽們假日時常做給家人吃的可口餐點。
只要放進大量餡料，再搭配些許沙拉，轉眼就變成一道出色的料理。
也可試著加入剩餘的食材等等，不管放什麼進去都能做得很美味。

材料（一個塔模型（直徑 21cm）的量）

厚切培根（隔 1cm 切）…200g

洋菇（薄切）…10 ～ 12 顆

鴻喜菇（切掉根部後將其拆開）…1 包

洋蔥（薄切）…1 顆

蘆筍…8 ～ 10 根

披薩用起司…70 ～ 80g

冷凍派皮（請事先解凍）…1 ～ 2 張（配合模型的大小來重疊組合）

阿帕雷蛋奶液

雞蛋…2 顆

牛奶…60cc

鮮奶油…120cc

低筋麵粉…1 小匙

鹽、胡椒…適量

memo

餡料的部分，也可選擇菠菜、馬鈴薯、羊奶乳酪、松子等，每種食材都十分適合。

3

5

作法

1 把蘆筍根部堅硬處剝除後丟入熱水汆燙。配合模型的大小切成一致的長度，並薄切剩餘的部分。

2 加熱平底鍋後放入培根煎炒。待油脂滲出，依序加入洋蔥、菇類、薄切蘆筍拌炒。

3 製作阿帕雷蛋奶液：在鋼盆中將全蛋打散，依序加入牛奶、鮮奶油、低筋麵粉、鹽、胡椒，並以攪拌器攪勻。

4 在模型裡鋪上派皮，接著將作法 2 填滿模型後由上慢慢倒入作法 3，並撒上披薩用起司。最後再以剩餘的蘆筍裝飾。

5 以刀子將超出模型的派皮切除，放進預熱至 210℃ 的烤箱烘烤約 30 ～ 40 分鐘，烤至表面呈現焦黃色。

法式野菜凍佐優格醬

Terrine aux légumes sauce yaourt

法式凍是巴黎家常料理的基本菜色。
在此我試著模仿了一下高級法國餐廳的作法，
把滑嫩的水波蛋搭配新鮮蔬菜佐優格醬，
最後再放進玻璃容器中，一道時尚的前菜就出爐了。

材料（2 只玻璃容器（直徑 8cm x 高度 5.5cm）的量）

雞蛋…2 顆

火腿（切成小長條形）…2 片

小黃瓜（切成小長條形）…½ 根

荷蘭芹（切碎成末）…適量

高湯塊（鹹味）…1 塊

吉利丁粉（以水 30cc 泡發）…5g

優格醬

原味優格…½ 杯

檸檬汁…適量

蝦夷蔥（切碎成末）…適量（可用荷蘭芹或香草代替）

I

4

作法

1　製作水波蛋：在小鍋子裡將水煮滾後，倒入少量醋（額外份量），接著將雞蛋打入鍋中。待蛋白呈固定狀後取出備用。

2　火腿、小黃瓜及荷蘭芹於碗中拌勻備用。

3　鍋中倒入水 100cc（額外份量）煮沸。加入泡發的吉利丁及高湯塊使其溶解，放涼備用。

4　依序將作法 1、2 放進玻璃容器，並倒入作法 3。再放進冰箱冷藏幾小時待其固定。

5　將優格醬材料混合均勻，平均淋在作法 4 上，最後放上適量義大利扁葉香芹（額外份量）裝飾。

memo

可依照個人喜好加入西芹等香味獨特的蔬菜也非常適合。

15 分鐘
（不含燉煮時間）

2 人份

普羅旺斯燉鮮蔬
Ratatouille

雖然只是燉煮了大量蔬菜的簡單料理，
但從蔬菜的種類、切法等，就可以看出每個法國家庭的媽媽都有她獨特的作法。
夏天時，我特別喜歡以冷燉菜搭上大蒜和羅勒品嘗，是清爽的一品。
平時配上濃稠滑順的起司，熱騰騰地享用才是最佳吃法。

材料

茄子（切長條再切對半）…4 根

甜椒（隔 1.5cm 切）…1 顆量（紅、黃各半）

青椒（隔 1.5cm 切）…2 顆

櫛瓜（切成厚度 1.5cm 的圓片）…1 根

洋蔥（薄切）…½ 顆

番茄（切大塊）…2 顆

大蒜（切碎成末）…2 顆

月桂葉…1 片

橄欖油…4 ～ 5 大匙

大蒜（切碎成末／搭配用）…1 顆

羅勒菜（細切成絲／搭配用）…4 ～ 5 片

鹽、胡椒…適量

大致切成相同的大小。

3

作法

1 平底鍋倒入橄欖油 2 ～ 3 大匙加熱，加入茄子拌炒至表面呈
  焦黃色為止。

2 於另一鍋中倒入橄欖油 2 大匙加熱，放入大蒜爆香。等香味出
  來後加進洋蔥拌炒。待熟透變軟後加櫛瓜、甜椒和青椒拌炒，
  最後再加上作法 1。

3 番茄和月桂葉加至作法 2，蓋上蓋子後轉小火燉煮約 30 分鐘。

4 用鹽、胡椒調味後裝盤。最後再放上大蒜末和羅勒葉裝飾。

memo

請根據蔬菜的大小來調整食材用量。
最好所有蔬菜的份量能大致相同。也
可以稍微加點西芹增添風味。

白酒奶油燴綜合菇

Fricassée de champignons

每到秋天，總是能看到法國的市場上擺放著許多菇類。
只簡單地以橄欖油和大蒜拌炒，香味十足的菇類料理，
最適合直接當作下酒菜或搭配著主餐一起享用。
此道食譜使用的是被認為是法國基本食材的菇類，
或者也可試著替換成容易入手的食材來製作。

材料

菇類（3～4 種類）…約 300g
大蒜（切碎成末）…2～3 顆
橄欖油…1½ 大匙
奶油…½ 大匙
白酒…2 大匙（也可以料理酒代替）
鹽、胡椒…適量
荷蘭芹（切碎成末）…適量

作法

1 將菇類根部切除，再切成適當大小。
2 在平底鍋中倒入橄欖油及奶油後加熱，並放入大蒜爆香。香味出來後，加進作法 1 拌炒。待菇類熟透變軟後再加白酒、鹽及胡椒來調味。
3 最後盛放至盤中，撒上大量荷蘭芹碎做裝飾。

洋菇、鴻喜菇、牛肝菌菇、義大利黃菇（也可替換成其他菇類）等，使用具有濃郁香氣的菇類來製作吧。

memo

也可於加入白酒後，再加 2～3 大匙的鮮奶油，又會是另一種不同的風味。

2 人份

馬鈴薯炒香腸・咖哩風味

Sauté de pommes de terre saucisses au Curry

馬鈴薯和香腸的組合堪稱經典，再配上香辣的咖哩更令人食指大動。
這是我最愛的食譜之一，與肉類或魚類等主餐搭配享用剛剛好，
也很適合放在麵包上品嘗，多做一些，還可夾入隔天要吃的三明治裡。

材料

馬鈴薯…3 ～ 4 顆
洋蔥…¼ ～ ½ 顆
香腸…4 根
咖哩粉…適量
鹽、胡椒…適量
沙拉油（或橄欖油）…適量

作法

1 馬鈴薯削皮後切成 4 ～ 6 等分，煮至熟透變軟為止。接
著薄切洋蔥，香腸則相隔約 2cm 斜切。

2 在平底鍋中倒進沙拉油加熱，加入作法 1 的洋蔥及香腸
以中火拌炒。等洋蔥熟透變軟後，再加入馬鈴薯快炒。

3 最後撒上咖哩粉、鹽和胡椒調味。

1

2

20分鐘
（不含冷卻時間）

2～3人份

花椰菜風味冷湯
Soupe froide de chou-fleur

這是把煮到軟嫩的蔬菜放進果汁機裡攪拌，
再加入大量牛奶和鮮奶油製成味道濃郁的冷湯。
只要裝進一口大小的杯子，當作餐前菜來品嘗也相當合適。
溫熱時享用也很美味，無論是冷湯還是熱湯都請試試看吧。

材料

花椰菜…150g

韭蔥…½ 支

＊即所謂的西洋蔥，也可用青蔥代替

馬鈴薯…1 顆

橄欖油…2 大匙

奶油…1 大匙

高湯塊（無調味）…1 塊

牛奶…200cc

鮮奶油…100cc

鹽、胡椒…適量

月桂葉…1 片

作法

1 將花椰菜、韭蔥、馬鈴薯（削皮後）切成適當大小。在鍋中倒入橄欖油、奶油加熱，加入切好的蔬菜輕輕拌炒。

2 在作法 1 中注入清水（額外份量），確認高度稍微超過蔬菜後加熱。加入高湯塊及月桂葉，待蔬菜熟透變軟，以中火燉煮。

3 趁著作法 2 還熱時，倒進果汁機或食物調理機，攪拌至質地表面呈平滑狀。

4 將作法 3 倒進容器中，加入牛奶、鮮奶油混合均勻，並以鹽、胡椒調味。放涼後放進冰箱中冷卻。

5 把冷湯倒至盤中，淋上些許鮮奶油、橄欖油，再加入紅胡椒和黑胡椒粒（皆不包含在上述材料內）等裝飾就完成了。

memo

無論使用什麼蔬菜來製作都很合適。但由於湯的濃度會依蔬菜而有所不同，請依照個人喜好調整鮮奶油及牛奶的用量。也可在成品撒點蝦夷蔥末或麵包丁。

2 ～ 3 人份

番茄奶油濃湯
Velouté de tomates

在朋友家的派對上喝到的這個濃湯，實在是好喝到讓人想流淚的程度。
雖然濃稠但卻能品嘗出番茄的清爽和些微的酸味。
而那噗滋噗滋的洋蔥口感更是會讓人上癮。
也十分推薦加了玉米粒罐頭的番茄風味玉米湯。

材料

整顆番茄罐頭…100cc
洋蔥（切碎成末）…½ 顆
奶油…1 大匙
低筋麵粉…1 大匙
高湯塊（無調味）…1 塊
鮮奶油…50cc
牛奶…100cc
水…50cc
月桂葉…1 片
鹽、胡椒…適量

作法

1　奶油於鍋中加熱，並放入洋蔥拌炒。待洋蔥熟透變軟後，加低筋麵粉以小火煮開。

2　將整顆番茄放入作法 1 並用鍋鏟稍微壓碎，接著加入高湯塊、水、月桂葉，以中火燉煮約 10 ～ 15 分鐘。

3　加入鮮奶油及牛奶攪拌均勻，再以鹽、胡椒調味。最後倒進盤中，依個人喜好淋上適量的鮮奶油、荷蘭芹末（額外份量）。

2

memo

請依照個人喜好來調整牛奶及鮮奶油用量。湯的濃厚度會根據這兩者的多寡而有所不同。

西班牙冷湯
Gaspacho

這是源自於西班牙安達魯西亞地區的冷湯。
以清爽的番茄風味為基底，品嘗得到些微的大蒜香，最適合在炎熱的夏日裡來上一碗。
在法國的超市，架上甚至排列著各式種類的袋裝西班牙冷湯，可見其多麼的受到當地人喜愛。
而即便是在家中自製，也只需要把材料放進果汁機裡就能輕鬆完成。

材料

全熟番茄（煮過後去皮）…2 ～ 3 顆
小黃瓜（削皮）…½ 根
洋蔥…⅙ 顆
紅椒…¼ 顆
西芹…約 1 支
大蒜…1 顆
吐司（預先泡水變軟）…½ 片左右
＊也可使用法國麵包代替
水…100cc
檸檬汁…¼ 顆量
鹽…適量
橄欖油…2 大匙
裝飾用蔬菜（切成方丁的番茄、甜椒、小黃瓜等）…適量

作法

1 番茄、小黃瓜、洋蔥、紅椒、西芹、大蒜切成適當大小，與裝飾用蔬菜以外的全部食材混合後，放進果汁機或食物調理機裡攪拌均勻。

2 將作法 1 倒進篩網裡過濾後，放進冰箱中冷卻。

3 把冷湯倒至盤中，再放上裝飾的蔬菜後就可以開動了。

memo

依照個人喜好搭配不同的蔬菜來製作也能做得很好吃，不過記得別加入過多洋蔥以免過辣。用篩網過濾時可稍微保留一些顆粒感。

Art de la table
餐桌上的搭配哲學

對日本人來說，法國全套料理那一道道依序上餐的模式，不免稍微讓人感到有些緊繃。當然，平常他們在家中並非是這種一本正經的用餐模式，但依然和日本料理有所不同。日本是將各式菜餚一起擺放上桌，而在法國，基本上會把餐點分為前菜／主菜／甜點，依序輪流上菜。由於有著這樣的用餐習慣，他們習慣將相同款式的大小盤子重疊擺放，吃完前菜後只需把放在最上面的小盤子收走即可。像這樣簡單的餐具配置在他們日常家庭中也能時常看到。

另外，當有客人來家裡用餐時，有時擺上花瓶，有時還會撒上些許玫瑰花瓣，或利用蠟燭和餐巾來搭配裝飾餐桌。雖然只是改變一些細微的小地方，感覺比平常稍微漂亮華麗了一點，但這樣自然低調的作風正是法國的待客之道。無論是舉辦活動還是宴客時，都能夠當作很好的參考。

將相同款式或色系的盤子交疊在一起，是餐桌上擺盤的小訣竅。可在旁邊一併擺上食譜等料理書、水杯或者是酒杯。

繽紛生活的小物

【餐巾紙】

色彩鮮豔、附有各種花紋的餐巾紙是餐桌上的必備款。在超市或雜貨店看到喜歡的花樣時記得趕緊買下來。

【餐具】

叉子或湯匙等,那些每次用餐時一定會使用到的餐具,為了能完美地搭配使用,只要事先準備好各種不同款式,無論是哪種桌面配置和菜單,都能夠輕鬆應對。

【蠟燭】

這是時髦的餐桌上不可或缺的一項裝飾。只要把漂亮的蠟燭擺放上桌,瞬間就能變得華麗有氣氛。也可試著將小蠟燭放到水面上。

【單人餐墊】

替換不同顏色和質料的餐墊,餐桌上的氣氛也會瞬間變換。就算家中沒有很多盤子也不要緊,只要拿出各式各樣的餐墊就一點也不會遜色了。

法國料理中的日本調味料

現在在法國當地的小餐館或餐廳裡，看到他們的菜單上寫著「wasabi（芥末）」已經不足為奇了。最近常看到的是「dashi（高湯）」、「yuzu（柚子）」和「miso（味增）」等日文單字。

使用味道濃厚的醬汁來做菜是我對法國傳統料理的強烈印象。不過，被稱作是「Nouvelle Cuisine」（新式料理）的法國菜，其高雅且不厚重的口味，近來擁有非常高的人氣，像是使用了柚子粉來調味等，這樣以和風為基底的料理法在法國也相當受歡迎。在巴黎的亞洲食材店鋪裡，常可看到擠滿了許多法國人，正爭相詢問店家調味料的使用方法。而最近，即使是在普通的超市裡，都能看見亞洲食材區擺滿著各式各樣的材料，不僅僅是調味料，連「冬粉」、「生春捲皮」、「袋裝豆腐」和「拉麵」等等都有，架上的食材可說是應有盡有。

Chapter 3
沙拉
- - - - - - - - - - - - -

Salade

品嘗法國料理時，絕對不能缺少的就是沙拉。綠葉蔬菜沙拉、豆類沙拉、
佐水果淋醬的沙拉等等，基本上都是以新鮮食材搭配簡單調味，是適合搭
配著主餐享用，或是在甜點前的起司時間時一定會追加的料理。當然，也
可以直接當成美味的前菜來品嘗。

5 分鐘

2 人份

碧綠生菜佐檸檬汁
Salade verte saveur citron

在日本，店鋪的架子上排滿了種類數不清的沙拉醬。
但在法國當地的超市裡，沙拉醬的區域卻只有小小的一個角落。
僅利用最小限度的調味料來感受蔬菜最原始的味道，是法國人吃沙拉時的特有風格。
自從迷上了巴黎咖啡館裡那沙拉的味道後，這道菜就成了我家餐桌上的基本款了。

材料
沙拉用蔬菜葉（生菜、苦苣等，種類皆可）…2 人份的量
白芝麻（依照個人喜好）…適量

沙拉醬
橄欖油…1 ～ 2 大匙
檸檬汁…約 ⅙ 顆量
鹽、胡椒…適量

作法
1 將沙拉用蔬菜葉撕成方便入口的大小，放入盆中備用。
2 淋橄欖油、檸檬汁於作法 1，混合均勻後加入鹽、胡椒
   調味。
3 作法 2 擺放至盤中，再撒上些許白芝麻。

memo
請記得將調味料混合均勻。建議可依喜
好加入些許義大利香醋、紅蔥頭末等，
也非常好吃。

10 分鐘

2 人份

紅蘿蔔絲沙拉
Carottes rapées

這道紅蘿蔔絲沙拉，是當你翻開法國家庭餐廳的菜單時，一定能看到的餐點。
僅僅將紅蘿蔔切絲後再拌上沙拉醬，便簡單完成。
接著只要稍微靜置一下，等待醬汁滲透後就可大快朵頤了。
由於能夠吃到大量紅蘿蔔，是對健康十分有益的一品。

材料
紅蘿蔔（切絲）…2 根
比利時紅蔥頭（P.29 ／切碎成末）…25 ～ 30g
＊也可用洋蔥代替

沙拉醬
橄欖油…2 ～ 3 大匙
葡萄酒醋（或可改用檸檬汁）…2 ～ 3 大匙
大蒜（磨碎）…1 顆
鹽、胡椒…適量

作法
1　紅蘿蔔絲和紅蔥頭放進容器中混合。
2　所有沙拉醬的材料倒入作法 1 中拌勻。
3　稍微靜置一段時間等味道滲透後，盛放至盤中。可依照
　　個人喜好加入適量荷蘭芹末（額外份量）。

memo
也可將沙拉醬的材料替換成芝麻油、醬
油、大蒜（磨碎）、鹽、胡椒和檸檬汁
等的組合，製作成和風版的沙拉。

2 人份

嫩煮蔬菜佐草莓醬沙拉

Légumes cuits sauce fraise

在炎熱的夏日裡,非常推薦來上一盤淋上繽紛粉色的草莓醬沙拉作為前菜。
光用看的就覺得十分地清涼舒爽。草莓的甜與酸,更襯托出蔬菜的清甜。
在法國當地,常能看到他們使用水果來當作料理的素材。

材料

小番茄(切成對半)…6 顆

紅蘿蔔(小條的,切成容易入口的大小)…1 ～ 2 根

新馬鈴薯(不需削皮,切成容易入口的大小)…5 ～ 6 顆

※ 譯注:在日本,春天便先行收成、新生長出來的馬鈴薯統稱為「新馬鈴薯」。與普
　　　 通的馬鈴薯相比,水分較多且皮薄軟,不需削皮即可直接料理。

迷你蘆筍…10 根

＊也可替換成普通的蘆筍

水煮蛋(切成對半)…1 顆

鹽、胡椒…適量

草莓醬

草莓…6 ～ 7 顆

美乃滋…1 大匙

鮮奶油…1 大匙(不加也沒關係)

作法

1 將鍋裡的水煮滾後,放入蘆筍快速地氽燙一下。在另一個鍋子裡放
　 入馬鈴薯,倒進稍微超過馬鈴薯高度的水量,再將之煮至熟透變軟。
　 並以同樣的方式來烹煮紅蘿蔔。

2 製作草莓醬:在鋼盆中將草莓壓碎,以粗網的篩子過濾後,加入美
　 乃滋和鮮奶油混合均勻。

3 在盤中將作法 2 鋪平,放上作法 1 的蔬菜、小番茄、水煮蛋裝盤。
　 最後按照個人喜好撒上鹽、胡椒調味。

10 分鐘

2 人份

塔布勒沙拉
Taboulé Salade

在法國，這道被稱為「Taboulé」的沙拉，
原本是起源自東地中海地區的黎巴嫩料理。
不過現在這道佳餚儼然已成為法國家庭中經常出現的基本料理了。
其健康取向在巴黎人們間相當受歡迎，甚至有許多人拿來作為中餐。
它也十分適合在炎熱、毫無食欲的夏天或外出野餐時享用。

材料

古斯米…50g

滾水…約 70cc

火腿…1 ～ 2 片

玉米罐頭（先將汁液瀝乾）…30g

番茄…½ 顆

小黃瓜…¼ ～ ½ 根

醃黃瓜…4 ～ 5 根

薄荷葉…約 10 片

橄欖油…3 ～ 4 大匙

檸檬汁…⅙ 顆量

鹽、胡椒…適量

作法

1 將火腿、番茄、小黃瓜、醃黃瓜切至粗末狀，再把薄荷葉切
  碎成末備用。

2 古斯米倒至碗中，加滾水攪拌一下，包上保鮮膜蒸煮約 5 分
  鐘，加入橄欖油 1 大匙及檸檬汁，混合均勻（請根據古斯米
  的米粒大小和個人喜好調整熱水用量及蒸煮時間）。

3 作法 1 的蔬菜、玉米和剩餘的所有橄欖油加入作法 2 拌勻，
  最後撒上鹽、胡椒調味。

2

memo

可依照個人喜好選擇不同的蔬菜來製作。
除了上述材料外，也十分推薦水煮蛋、橄
欖、鮪魚、荷蘭芹、洋蔥、羅勒、葡萄乾等。

義大利風味荷蘭芹沙拉

Salade de persil italien

這是在黎巴嫩等中東地區也時常能吃到的荷蘭芹沙拉。

由於在巴黎有許多提供中東料理的餐廳,所以我很熟悉這道菜。

另外,在本書中提到的「鷹嘴豆泥」(p.11)和「油炸鷹嘴豆口袋餅」(p.96)也是屬於中東料理。

像這樣一盤口味清爽的沙拉,拿來搭配主餐是最適合不過的了。

材料

義大利扁葉香芹(切碎成末)…1 束(葉子和嫩莖約 30g)

番茄(切成小方丁)…2 顆

比利時紅蔥頭(p.29 /切碎成末)…50 ～ 60g

＊也可用洋蔥代替

古斯米…30g

滾水…50cc

橄欖油…適量

檸檬汁…⅓ 顆量

鹽、胡椒…適量

作法

1 把古斯米倒進碗中,加滾水攪拌一下。接著包上保鮮膜蒸煮約 4 ～
 5 分鐘後,趁熱加入少量橄欖油混合均勻。

2 義大利扁葉香芹、番茄、紅蔥頭加至作法 1 中拌勻。

3 最後,在作法 2 中倒入橄欖油 2 大匙、檸檬汁、鹽和胡椒混合均勻。

meno

加入切碎或是磨碎的大蒜末也非常好吃。

另外,若手邊沒有古斯米,不加亦可。

10 分鐘
（不含烹煮時間）

2～3 人份

綜合豆類沙拉
Salade de haricot et pois chiche

雖說我其實並不那麼喜歡豆類食品，
但自從在法國遇到了美味的豆類料理後，就對它徹底改觀了。
而這道綜合豆類沙拉，帶些許酸度卻絲毫沒有豆類的怪味，是就算討厭豆子的人也會喜歡的一品。
在小扁豆的選擇上，雖然罐裝的處理起來較為方便，
但以美味度來說，還是事先烹煮過的乾燥豆類擁有壓倒性的人氣。

材料
鷹嘴豆（罐裝或瓶裝）…100g
紅腰豆（罐裝或瓶裝）…100g
乾燥小扁豆…100g
洋蔥（切碎成末後泡水）…½ 顆
鮪魚罐頭（先把油瀝掉）…150g
較厚的培根（隔 1cm 切）…150g
荷蘭芹（切碎成末）…20g（或可改用義大利扁葉香芹）
橄欖油…3 大匙
檸檬汁…½ ～ ¾ 顆量
醬油…1 小匙
鹽、胡椒…適量
義大利香醋…適量（依喜好）

要是無法取得 3 種不同種類的豆子，亦可只使用小扁豆。

作法
1 將鍋中的水煮滾後，放入小扁豆烹煮（根據其大小和喜好的軟硬度煮約 15 ～ 25 分鐘）。另外，罐裝（或瓶裝）的豆類則預先去掉水分後備用。
2 加熱平底鍋，將培根煎炒至表面呈酥脆狀。
3 剩餘的材料全放進容器中，再將作法 1 和 2 混合均勻（把洋蔥的水分去掉後再加入）。

memo
可將一部分炒過的培根預先取出，並撒在沙拉的最上層點綴及增添口感。

酪梨綜合丁蒜味沙拉

Salade fraîcheur en dé en cube

味道濃郁的酪梨搭配上少許大蒜風味，
食材全切成骰子形狀，這是款有著超可愛外型的沙拉。
我試著挑戰了一下，把朋友教我的食譜調整成帶有和式風味的沙拉。
加入像是西芹等有口感的蔬菜也非常美味。

材料

小黃瓜…½ ～ 1 根
酪梨…1 顆
番茄…1 顆
烤豬肉（也可用火腿或雞肉代替）…3 片
檸檬汁…2 大匙
芝麻油…1½ 小匙
醬油…1½ 小匙
芝麻（磨碎）…2 小匙
大蒜（磨碎）…1 顆
鹽、胡椒…適量

作法

1 小黃瓜、酪梨、番茄、烤豬肉各切成約 1cm 的小方丁。
2 將作法 1 混合後放進容器，再加入剩餘材料攪拌均勻。盛
　放至盤中，可依照個人喜好添加適量的洋茴香（額外的）。

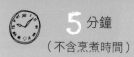
馬鈴薯沙拉・家常餐廳風味

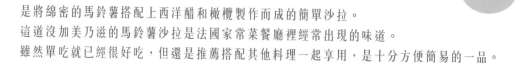
Salade Piémontaise façon traiteur

是將綿密的馬鈴薯搭配上西洋醋和橄欖製作而成的簡單沙拉。
這道沒加美乃滋的馬鈴薯沙拉是法國家常菜餐廳裡經常出現的味道。
雖然單吃就已經很好吃，但還是推薦搭配其他料理一起享用，是十分方便簡易的一品。

材料

馬鈴薯…4 ～ 5 顆
比利時紅蔥頭（p.29 ／切碎成末）…30 ～ 40g
＊也可用洋蔥代替
橄欖油…3 ～ 4 大匙
葡萄酒醋…1 ～ 2 大匙
鹽、胡椒…適量
荷蘭芹（切碎成末）…適量

作法

1　將馬鈴薯的皮削掉，煮至熟透軟嫩，再放進容器中以叉子等
　　餐具大面積地用力戳開。
2　趁熱將剩餘所有材料加進作法 1 中混合均勻即可。

memo

煮熟的馬鈴薯比起用刀子切開，比較建議
以叉子戳開，這樣會讓馬鈴薯的外觀看起
來比較不整齊，感覺反而會更加好吃。

鯷魚風味燴蔬菜

Légumes grillés sauce aux anchois

這是可以一次吃進大量蔬菜、健康滿滿的一道料理。
帶有大蒜風味的鯷魚醬汁嘗來不會過於單薄，有著十分扎實的味道。
無論是使用哪種蔬菜來製作都相當好吃，加入牛蒡和南瓜是增添美味的小祕訣。

材料

紅蘿蔔…1 根

櫛瓜…1 根

茄子…1 根

洋蔥…¼ 顆

甜椒…½ 顆

南瓜…¼ 顆

牛蒡…¼ 條

鴻喜菇…½ 袋

橄欖油…適量

鯷魚醬汁

大蒜（切碎成末）…2 ～ 3 顆

鯷魚（切碎成末）…4 尾

橄欖油…3 大匙

胡椒…適量

作法

1 將牛蒡削成稍微厚的薄片，浸泡在水中。薄切洋蔥，再將剩餘的蔬菜切成適當大小（南瓜包上保鮮膜放進微波爐中，等約 1 分半鐘後再取出切片即可）。茄子則先泡水去除苦澀味。

2 平底鍋倒入橄欖油加熱，拌炒作法 1 的所有材料。炒至茄子和櫛瓜表面呈焦黃色為止。

3 製作鯷魚醬汁：在另一個小平底鍋中倒橄欖油加熱，放入大蒜爆香，等香味出來後加入鯷魚碎拌炒並撒些許胡椒。

4 作法 2 裝盤，淋上作法 3 後便可開動。

memo

炒蔬菜時，可從最難熟透的那一種蔬菜開始，依序丟入拌炒。炒到一半時，可蓋上蓋子用蒸的方式以保留水分，這是讓菜餚更加美味的小祕訣。

Vaisselles

法國的餐具

帶有花紋的餐具

這些有著復古風情和繽紛色彩的可愛花紋餐具套組,是我在法國的跳蚤市場挖到的寶。這一系列的陶製餐具使用了各種不同的色彩和花樣,看起來十分別緻。

法國人利用充滿時尚感的餐具擺設,讓每天極其普通的飯菜看起來特別好吃。每當我在部落格寫下在這裡的生活時,常被人問到「巴黎人都是使用什麼樣的餐具呢?」這類的問題。

其實,法國人平常使用的餐具都非常普通。他們總是隨意地把碗盤丟進洗碗機裡,有時不小心摔破了,就重新買齊好幾個相同的基本款碗盤,要不然就是那種無論擺什麼料理都合適的白色或米色、玻璃碗盤等等,像這類經典的餐具在法國最受歡迎(舉例來說,當地 IKEA 可買到的大量樣式簡單且便宜的餐具,就很被法國人喜愛)。另外,像是帶有復古花紋的陶製餐具、法國的玻璃製造商「ARCOPAL」所製造的耐熱玻璃餐具系列等,這些充滿法式風情、可愛又獨具風格的餐具也十分有人氣。而上述的器具在當地的跳蚤市場等場所都能找到。

雖然每個家庭有些許不同,但他們選擇餐具的標準,不只是要能夠適合各種料理,還得配合廚房和家中裝潢擺設的氛圍才行。這也讓人深切地感受到法國人選擇餐具的獨特品味。

樣式簡單的餐具

極其方便且樣式簡單，這類的餐具在每個法國家庭裡被使用地最頻繁。白色、象牙色、低調雅緻的米色等，無論這頓飯是什麼樣的性質，他們都習慣使用這種只要料理一擺上盤就會使人垂涎三尺的餐具。

透明餐具

這一套透明餐具也是我在當地的跳蚤市場裡發現的。據說從前有段時期，法國的咖啡廳裡到處都能看到這類的器皿。我非常喜歡那透明餐具上散發出的懷舊氛圍和獨特風格。

玻璃製餐具

這類總是被拿來裝調味料和奶油之類的器皿，可靈活運用於居家的擺設哲學，像是拿來放一些首飾用品或零食點心等也很合適。

廚房小物

像是將餐前菜直接擺在砧板送上桌、或把裝了調味料的罐子排列於窗邊，並在裡面放些小東西等等，法國人充分運用了各種廚房小物來裝飾家裡。

不續攤的法國人

法國和日本的外食習慣有著許多的相異點，而其中一點便是「不續攤」這件事。我在前面的 column 裡也提過，雖然在「慢慢享受用餐時間」這一部分來說，兩個國家是有所共通的，但與日本不同的是，法國人並不會有「迅速吃完這一家後，緊接著再去另一家餐廳」的行為，他們大多會先待在同個地方優閒地度過。不僅是在餐廳，連在咖啡廳也可以花上好幾個小時，一邊愉悅地談天，一邊啜飲著義式濃縮咖啡。

雖然他們也會在別的地方度過用餐前的「餐前菜時間」，但並不像日本的飲酒會之類的場合那般，有著「不斷移動到下一間餐廳續攤」的這種模式。況且，由於是身處於法國，這裡套餐式的料理份量加起來十分驚人，所以就算有心想要續攤，也已經有相當的飽足感而再也吃不下了⋯⋯。

Chapter 4
主菜

Plat

這是份量十足且只添加了單純調味的各式主餐，看似費工，實際上卻出乎意料地簡單，是在家也能夠輕鬆料理的餐點。僅有「只需放進鍋子裡煮」或「只要放進烤箱裡烤」等簡單的步驟，一點也不麻煩，無論是誰都做得出來。而在各個食譜裡使用的醬汁，也能廣泛利用於不同種類的料理，也請務必試著做做看。

15 分鐘
（不含烘烤時間）

法式鑲烤番茄盅
Tomates farcies au four

只要將番茄盅放進烤箱烘烤就能聞到撲鼻的香味，
在法國，這是在普通的肉販小店裡也能買到的基本款料理。
擁有漢堡肉的口感，卻多了份番茄的清爽，好吃到無論有幾個都吃得下。
外表美觀，非常適合拿來當作派對的餐點。

材料（番茄 5 ～ 6 顆的量）

番茄…5 ～ 6 顆
羅勒或荷蘭芹（切碎成末）、大蒜（切碎成末）、
醬油、鹽、胡椒…各適量（皆用來製作醬料）

內餡

絞肉…300g
洋蔥（切碎成末）…½ 顆
大蒜（切碎成末）…2 顆
蘑菇（切碎成末）…5 朵
羅勒葉（切碎成末）…10 片
起司粉（帕瑪森乾酪等）…2 大匙
雞蛋…1 顆
麵包粉…1 大匙
鹽、胡椒…適量
橄欖油…適量

若填塞的內餡有剩，可與取出的番茄果肉一起下鍋拌炒，再淋上其他調味或番茄醬，就能搖身變成不同風味的醬汁了。

作法

1 於距番茄蒂頭約 1cm 厚處將其切開，挖出中間果肉製成番茄盅。以倒放的方式將番茄置於廚房紙巾上。取出的果肉要拿來製作醬汁，請切碎成末備用。
2 所有內餡材料放進容器中，用手混合均勻。
3 取作法 1 的番茄盅，以廚房紙巾擦拭盅內的汁液後，填入作法 2（填塞至稍微突出頂端即可）。
4 將切下的番茄蒂部分當作蓋子，再淋上些許橄欖油（額外份量）。接著放進預熱至 210℃ 的烤箱，烘烤約 30 ～ 40 分鐘（可拿竹籤試戳幾下，若附著的肉汁呈現透明狀即代表已經熟透了）。
5 作法 1 取出的番茄果肉部分置於碗中，加入羅勒、大蒜、鹽、胡椒和醬油來製作醬汁。最後再淋上作法 4 便大功告成。

5 分鐘
（不含燉煮時間）

2 人份

紅茶燉里肌豬佐羅勒醬

Filet mignon de porc mijoté au thé sauce basilique

里肌豬肉，冷熱皆宜，且十分美味。
這裡的紅茶並非拿來調味，將肉的表面染上些許淡粉色才是它的任務。
這道菜若是切得薄些，可當餐前小菜；若是切得厚點，華麗度便瞬間增倍，
根據不同的切法，整道菜呈現出的風格也會有所改變。建議搭配稍微濃郁的醬汁一起享用。

材料

里肌豬肉（塊）…300g
紅茶茶包…2 包
裝飾用蔬菜葉（任何種類皆可）…適量
辣椒粉…適量
粗鹽…適量

羅勒醬

羅勒葉…30 ～ 40g
松子…15g
帕瑪森乾酪…15g
橄欖油…100cc
大蒜…1 顆

作法

1 在鍋中倒入開水後煮沸，放入紅茶茶包，並浸泡至充滿濃厚紅
茶味為止（請倒入能完全覆蓋肉的高度之水量）。

2 里肌肉放進作法 1 中，以小火燉煮約 20 分鐘。

3 製作羅勒醬：所有材料加入食物調理機裡攪拌均勻。

4 將作法 2 的肉切成厚度約 4mm 的薄片。裝飾用蔬菜葉鋪在盤
中，盛放切好的里肌肉。最後依個人喜好撒上辣椒粉、粗鹽，
再淋上羅勒醬。

memo

淋在里肌肉上的醬汁也可改成羅勒醬之外的口
味。建議把醬油和義大利香醋以 1：1 的比例
混合均勻，製成和風醬，再加上少許芥末，另
一道美味可口的料理就又誕生了。

2人份

香煎鮪魚排佐大蒜檸檬醬
Steak de thon sauce ail et citron

與一般的排餐不同的是，這裡並不使用肉類，而是以清爽的鮪魚排來製作。
由於淋上了濃郁的蒜香醬汁，在炎熱沒有食欲的夏日裡享用剛剛好。
雖然這次使用鮪魚來料理，但這個大蒜檸檬醬無論搭上什麼魚類都非常合適，
當然配上肉類料理也十分相稱，請務必運用在各式各樣的菜色上。

材料

鮪魚塊…2 塊
鹽、胡椒…適量
奶油…3 大匙
配菜（在此使用 p.37 的「普羅旺斯燉鮮蔬」）…適量

大蒜檸檬醬

比利時紅蔥頭（p.29 ／切碎成末）…25 ～ 30g
＊也可用洋蔥代替
檸檬汁…¾ 顆量
大蒜…1 ～ 2 顆
橄欖油…1 ～ 2 大匙
義大利扁葉香芹（或是荷蘭芹）…適量
鹽、胡椒…適量

作法

1 製作大蒜檸檬醬：將紅蔥頭、大蒜、義大利扁葉香芹切碎成末，
   並把所有製作醬汁的材料放進容器中混合後備用。

2 在鮪魚塊上撒些許鹽、胡椒調味。奶油於平底鍋加熱，放入鮪
   魚塊煎炒使表面呈焦黃色。煎炒過程中一邊將鍋中的奶油澆淋
   至鮪魚塊上，一邊煎至半熟的程度即可起鍋。

3 作法 2 盛盤，淋上作法 1 醬汁。最後再擺上預先做好的配菜。

法式栗子烤全雞
Poulet rôti farcis aux châtaignes

10 分鐘
（不含烘烤時間）

4～5 人份

經過法國當地的肉販店門口，經常可以看到他們在烘烤全雞，
縱使這料理看起來相當豪華，卻只需要放進烤箱這個簡單的步驟就能輕鬆完成。
也因此，在人數眾多的派對中，這是不可或缺的宴客佳餚。
香噴噴的烤雞裡塞滿了栗子、葡萄乾及核桃等內餡，這樣的搭配有著絕妙的平衡。

材料

全雞（先將鹽、胡椒塗滿整隻雞）…1 隻
＊也可使用帶骨雞腿肉
栗子…400g（瓶裝）
葡萄乾…70g
核桃…70g
香草…適量（百里香或迷迭香等皆可）
馬鈴薯…15 ～ 20 小顆
奶油…1 大匙
橄欖油…適量
鹽、胡椒…適量

2

作法

1 奶油、橄欖油各 1 大匙倒至平底鍋加熱，再加入栗子、
  葡萄乾、核桃輕輕地拌炒，以鹽、胡椒調味。

2 將作法 1 的餡料塞填於全雞內，記得用細線或牙籤封
  住開口，以免中間內餡跑出（若無法將餡料全數塞入，就
  把多出來的部分當作配菜盛放在另外的盤子裡備用）。

3 作法 2 和馬鈴薯鋪排至烤盤上，淋上些許橄欖油，再
  撒滿大量香草。放進預熱至 220°C 的烤箱中烘烤約 1 小
  時，直到表面呈現焦黃色（根據全雞的大小，其烘烤時間
  也會有所不同，請依實際情況調整）。

memo

在烘烤過程中，記得要不定時將殘留在烤盤上
的油澆淋至全雞上，並適時用噴霧器噴上一些
水，這是讓烤雞烘烤地更加均勻的小祕訣。另
外，如果是使用帶骨雞腿肉製作，則將原本填
塞的餡料直接添附在盤中烘烤即可。

10 分鐘

2 人份

嫩煎豬肉佐芥末籽醬

Sauté de porc sauce moutarde à l'ancienne

若是說到法國料理中常使用的調味料，就會想到芥末籽醬。
和其他芥末不同的是，它沒有強烈的辣味而是帶有些許酸味。
直接單吃就已十分美味，也可製作成醬汁運用於各種料理。
另外，除了搭配嫩煎豬肉外，肉類料理或馬鈴薯等餐點也非常適合。

材料

里肌豬肉…2 片
鹽、胡椒…適量
橄欖油（或是沙拉油）…1 大匙
配菜（在此使用 p.38 的「白酒奶油燴綜合菇」）…適量

芥末籽醬

比利時紅蔥頭（p.29 ／切碎成末）…25 ～ 30g
＊也可用洋蔥代替
大蒜（切碎成末）…1 顆
醃黃瓜（薄切）…5 ～ 6 根
橄欖（薄切）…5 ～ 6 顆
白酒…3 大匙
芥末籽…1 大匙
胡椒…適量

作法

1 將鹽、胡椒均勻塗抹於豬肉上。倒橄欖油於平底
鍋加熱，放入豬肉煎烤至兩面皆呈現焦黃色。

2 製作芥末籽醬：作法 1 盛放至盤中，並在同一平
底鍋中加入比利時紅蔥頭、大蒜爆香，再放入醃
黃瓜、橄欖快速拌炒，最後加入剩餘的所有材料，
煮約 1 ～ 2 分鐘待醬汁收乾後，澆淋至煎好的豬
肉上。並把預先備好的配菜擺上即可大快朵頤。

嫩煎牛排佐紅蔥頭醬汁
Steak de boeuf sauce beurre échalote

在法國咖啡廳的菜單上，經常能看到煎烤地十分豪邁的大尺寸牛排。
可以選擇僅以鹽、胡椒調味，或也可配上其他不同風味的醬汁。
其中，紅蔥頭醬汁搭配起來有著超群的美味，是我最推薦的！
而配菜的話，馬鈴薯則是最 match 的組合。

材料

牛小排（表面塗滿鹽、胡椒）…2 片
橄欖油…1 大匙
義大利扁葉香芹（如果有的話）…適量

紅蔥頭醬汁

比利時紅蔥頭（p.29／切碎成末）…70～80g
＊也可用洋蔥代替
大蒜（切碎成末）…1 顆
白酒…1½ 大匙
奶油…2 大匙
橄欖油…1½ 大匙

2

作法

1 橄欖油倒入平底鍋中加熱，等到鍋子熱度足夠後放牛小
　排。以強火煎烤至表面呈現焦黃色，注意不要煎到過熟。
2 作法 1 盛放至盤中，使用同一個平底鍋來製作紅蔥頭醬
　汁。放入奶油、橄欖油，加紅蔥頭、大蒜爆香，待香味
　出來後倒入白酒，輕輕拌煮至酒精揮發且醬汁收乾。
3 作法 2 澆淋至牛小排上，以義大利扁葉香芹裝飾。

memo

可以依照個人喜好來搭配不
同口味的醬汁，像是「羅勒
醬」（p.76）、「大蒜檸檬
醬」（p.79）、「芥末籽醬」
（p.83）等。

香烤鮭魚搭配松子橄欖

Pavé de saumon aux pignons de pin et olives

這個食譜是我請一位朋友傳授給我的，
他總是輕鬆就能做出像法國小餐館那般的時髦料理。
稍微烘烤過的松子的濃厚香氣，搭配上鹽漬過的橄欖及酸豆，
這樣的特調抹醬，可激盪出絕妙的滋味，只要塗抹在鮭魚上，再放進烤箱烘烤便可簡單完成。
還能運用於各式各色的魚類料理，是一道非常方便好用的食譜。

材料

鮭魚片…2 片
黑胡椒…適量
松子（以小火煎烤至表面呈現焦黃色後備用）…2～3 大匙
酸豆…1 大匙
橄欖…9～10 顆
乾燥番茄…1 片
橄欖油…2 大匙
帕瑪森乾酪…1 大匙

配菜用義大利麵

義大利寬麵（可用各種類的義大利麵來製作）…200g
大蒜（切碎成末）…2 顆
奶油…2 大匙
鹽、胡椒…適量

作法

1 將酸豆、橄欖、乾燥番茄切碎成末後放入容器中，接著加入松子、橄欖油、帕瑪森乾酪混合均勻。

2 把作法 1 塗抹至鮭魚片上，並撒點黑胡椒。放進預熱至 200℃ 的烤箱中烘烤 10～15 分鐘。

3 配菜用義大利麵製作：鍋中倒入開水後煮沸，撒上適量鹽（額外份量），放入義大利麵後依照其包裝上之步驟烹煮。於平底鍋放奶油加熱，丟入大蒜爆香並拌炒至香味出來後，倒入煮好的義大利麵攪拌均勻，再以鹽、胡椒調味。

4 將作法 2 和 3 盛放至盤中即大功告成。

memo

使用其他的魚（白肉）來製作亦相當美味。除了義大利麵外，也非常推薦搭配馬鈴薯一同享用。

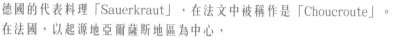

20 分鐘

2 ～ 3 人份

德式酸菜搭配香腸
Choucroute

德國的代表料理「Sauerkraut」，在法文中被稱作是「Choucroute」。
在法國，以起源地亞爾薩斯地區為中心，
在各區域裡隨處都有人在販賣這道熱騰騰的現製品，由此可知這是在當地極為普遍的料理。
像這樣帶有醃漬酸味的高麗菜，吃過一次就令人難以忘懷。

材料

瓶裝德式酸菜…1瓶（500g）
香腸、培根等各式肉類…全部 600g
馬鈴薯…8 ～ 9 顆
奶油…1 ～ 2 大匙
白酒…100cc（也可用開水代替）
鹽、胡椒…適量
芥末籽醬…適量

作法

1　將馬鈴薯連皮水煮至熟透、鬆軟後備用。
2　水煮或煎烤香腸、培根等肉類，熟透後備用。
3　平底鍋中放入奶油加熱，再加進德式酸菜拌炒。
　　倒入白酒，以鹽、胡椒調味（此時將作法 1、2 一
　　起加進鍋中，蓋上蓋子待溫度重新升高即可）。
4　作法 3 裝盤，在盤子周圍添附些許芥末籽醬。

30 分鐘
（不含燉煮時間）

3～4 人份

紅酒燉牛肉
Boeuf bourguignon

所謂的「Boeuf bourguignon」，是法國家庭料理中最為基本、以紅酒為基底燉煮的牛肉料理。
看起來華麗，份量也很足，且僅需將材料丟入鍋中燉煮即可，
是步驟非常簡單的一品，這道人氣菜色在我家的餐桌上終年都會出現。
也可試著淋在馬鈴薯泥、白飯或義大利麵等上頭，擁有許多不同吃法的這點也十分吸引人。

材料

燉牛肉用的塊狀肉（切成大塊）…750g ～ 1kg

洋蔥（薄切）…1 ～ 2 顆

紅蘿蔔（切成不規則狀）…3 根

厚切培根（隔 1cm 切）…200g

蘑菇（切半）…約 20 朵

大蒜（切碎成末）…3 顆

紅酒…750ml

低筋麵粉…3 小匙

法國香草束（也可改用月桂葉）…適量

沙拉油…適量

奶油…適量

鹽、胡椒…適量

荷蘭芹（切碎成末）…適量

作法

1 牛肉塊撒上大量鹽、胡椒調味，塗抹適量低筋麵粉（額外份量）。

2 取一鍋，放奶油、大量沙拉油後加熱，加入作法 1 並以強火煎
烤。待表面呈焦黃色後取出，備用。

3 在同一鍋放入大蒜、洋蔥拌炒（視情況可再倒些許沙拉油）。

4 將作法 2 倒回鍋中，加入紅酒後用強火煮至沸騰以去除苦澀味，
接著轉為小火並蓋上蓋子，燉煮至牛肉成軟嫩狀後關火（建議
可用壓力鍋減少燉煮時間）。

5 平底鍋加熱，放入培根煎炒，再加紅蘿蔔、蘑菇輕輕拌炒。待
熟透後將平底鍋的食材倒入作法 4 的鍋中並丟入法國香草束。

6 作法 4 再次轉為小火，燉煮至紅蘿蔔熟透呈軟爛狀為止（若使
用壓力鍋則燉煮約 5 分鐘即可）。以適量開水（額外份量）溶開低
筋麵粉後，將其倒進鍋中以增添醬汁濃稠度。

7 撒少許荷蘭芹，再依個人喜好選擇搭配主食（煮過的馬鈴薯、義
大利麵、白飯等）後一起享用即可。

5

memo

可試著加入濃縮的番茄
抹醬等增添更多風味。
而在醬汁的濃稠度部
分，則依照個人的喜好
調整低筋麵粉的用量。

10 分鐘
（不含燉煮時間）

2～3 人份

奶醬燉雞肉拌鮮菇
Cuisse de poulet champignons et crème fraîche

這是母親的拿手料理中，我最喜歡的其中一道，
也是我在孩提時期，第一次邀請朋友來家中過夜時，招待他們的料理。
當在法國長住後，才發現原來當地的家庭也有一模一樣的私房菜色，
對我來說，這是道充滿著深刻回憶的料理。

材料

雞腿肉…2 ～ 3 塊
蘑菇（薄切）…約 15 朵量
鴻喜菇（將根部切除後拆開備用）…1 袋
低筋麵粉…適量
鮮奶油…200cc
雞湯塊…1 塊
水…400cc 左右
鹽、胡椒…適量
沙拉油…適量
玉米粉（也可用低筋麵粉）…適量
配菜（拌炒過的紅蘿蔔及四季豆、奶油燉飯等）…適量

2

3

作法

1 雞腿肉切成適當大小，沾裹上鹽、胡椒及低筋麵粉（燉煮時食材會稍微縮小，請切大塊一些）。

2 於平底鍋倒沙拉油加熱，加入作法 1 拌炒。待雞肉表面呈焦黃色後移至另一鍋中。

3 再於同一個平底鍋倒入少量的沙拉油，加入菇類輕輕拌炒，待熟透後同樣移至作法 2 的鍋中。

4 將水倒進作法 3 的鍋裡，放入雞湯塊煮至沸騰後，轉為小火燉煮至食材熟透為止。

5 添加玉米粉調整其濃稠度，接著加入鮮奶油，並撒些許鹽、胡椒調味。

6 成品盛盤，擺上奶油燉飯等配菜。

memo

可以做成燉菜的形式或搭配白飯享用，無論是哪種吃法都十分美味。照片中的配菜是將切碎的紅蘿蔔拌炒奶油後，加入白飯一起燉煮的奶油燉飯。

094

30 分鐘

5～6 人份

法式鹹可麗餅

Galette au jambon et aux champignons

使用蕎麥麵粉製作的鹹可麗餅，是法國布列塔尼地區的傳統料理。
只要用鍋鏟將餅皮邊緣折成四角形即大功告成。
其中，我最喜歡的口味是在經典款法式鹹可麗餅（內餡為火腿、起司、雞蛋）裡，
再追加酸奶和菇類的那種。搭配蘋果口味的碳酸酒一起享用剛剛好。

材料（約 18cm 的平底鍋 5～6 個的量）

餅皮麵糊

蕎麥麵粉…80g

低筋麵粉…20g

雞蛋…2 顆

牛奶…100cc

水…100cc

鹽…1 撮

內餡（2 份的量。煎烤時使用一半即可）

鴻喜菇、蘑菇（切成適當的大小）…60g

火腿…2 片

雞蛋…2 顆

披薩用起司…60g

酸奶…2 大匙

羅勒葉…6 片

奶油（煎烤用）…適量

沙拉油…適量

作法

1 製作麵糊：將粉類製品、鹽過篩至鋼盆中，倒入剩餘材料以攪拌器混合均勻，靜置約 15 分鐘。

2 倒些許沙拉油至平底鍋加熱，放入菇類輕輕拌炒後取出備用。將火腿放於同一平底鍋中煎烤後備用。

3 平底鍋放入奶油加熱，將作法 1 的麵糊倒入薄薄一層鋪平鍋面後，稍微煎烤餅皮兩面（使用煎烤可麗餅的方式）。煎烤完成後取出備用。

4 再於同一平底鍋，盛放作法 3 煎烤好的餅皮 1 片，接著依序放入作法 2 的火腿、酸奶、雞蛋（敲破後加入）、起司、作法 2 的菇類，並將餅皮周圍折起。蓋上鍋蓋以小火烘烤至蛋白熟透，最後擺上羅勒葉。可依照個人喜好撒上適量紅胡椒粒或黑胡椒（皆為額外份量）。

memo

剩餘的法式可麗餅皮可於冰箱冷凍保存。另外，推薦也可以馬鈴薯作內餡，份量十足。

油炸鷹嘴豆口袋餅
Falafel

所謂的「Falafel」就是將攪碎的鷹嘴豆拿去油炸，外觀像可樂餅的中東料理。
一般是把炸茄子等食物一同放入口袋餅當中食用。
令人驚訝的是，明明沒有放肉，卻意外地有嚼勁！
在巴黎，能嘗到 Falafel 的餐廳也有好幾間，可見其受當地人喜愛的程度。
由於能盡情地挾入喜歡的食材，十分適合當作派對上的宴客料理。

材料

A
| 乾燥鷹嘴豆（放入大量水中靜置一晚）…100g
| 洋蔥（切成適當的大小）…¼ ～ ½ 顆
| 大蒜…2 顆
| 小茴香粉、辣椒粉…各 1 小匙
| 低筋麵粉…1 大匙
| 檸檬汁…1 大匙
| 芝麻醬…2 大匙
| 荷蘭芹、胡椒鹽…各適量

油炸用油…適量
口袋餅（切半後開口備用）…3 ～ 4 張
茄子（切骰子狀浸水備用）…2 根
蔬菜類（番茄、生菜、紫色高麗菜、紅蘿蔔、洋蔥等）…適量
鷹嘴豆泥（作法見 p.11）…適量
辣椒醬（Harissa 辣醬為佳）…適量
優格、鹽、胡椒、檸檬汁…適量

2

作法

1 蔬菜類中的番茄切薄片，其餘全部切絲，入容器中後倒適量
  橄欖油、葡萄酒醋、鹽、胡椒（皆為額外份量）醃漬，備用。
  將鹽、胡椒和檸檬汁加入優格製成優格醬備用。

2 確認泡過水的鷹嘴豆變軟後，將 A 的所有材料放進食物調理
  機裡攪拌均勻。

3 作法 2 捏成約直徑 3cm 的球狀，並放入 180℃ 油鍋裡，油炸
  2 次（表面呈金黃色後取出靜置，再丟入鍋內油炸一次）。

4 擦乾茄子表面的水分後，入鍋中油炸至表面呈金黃色。

5 將鷹嘴豆泥、辣椒醬、作法 1 的蔬菜、作法 3 及作法 4 挾入
  口袋餅中，最後淋入作法 1 的優格醬即可。

memo

· 油炸鷹嘴豆沒有沾裹麵
  衣，所以會有點乾巴巴
  的口感。但藉由入鍋油
  炸 2 次，就有像是油炸
  後麵衣的酥脆效果。

· 「Harissa 辣醬」是一
  種源自北非的辣椒醬。

40 分鐘

3 ～ 4 人份

香拌鮭魚優格醬義大利麵

Pâtes au saumon sauce yaourt

滋味濃厚的鮭魚搭配上口味清爽的優格，這樣的組合出人意料地好吃！
除了將義大利麵煮熟外完全不用開火，是輕輕鬆鬆就能完成的一品。
就算冷掉也相當美味，很適合當作派對餐點。
若以少量義大利麵製作，會有種在吃沙拉般的輕便感，能夠愉悅地品嘗出各種不同風味。

材料

義大利麵（筆管麵）…200g

煙燻鮭魚…100g

原味優格…250g

鹽、胡椒…適量

羅勒葉…7 片

奶油…10g

檸檬汁…2 片量

作法

1 將鍋內大量開水煮沸，加入適量鹽（額外份量），並依照包裝上的步驟烹煮義大利麵。

2 煙燻鮭魚切成較粗的碎末，再加入 5 片切碎成末的羅勒葉備用。

3 平底鍋放入奶油加熱，關火並加進作法 1 輕輕拌炒。接著加入優格混合均勻，再以鹽、胡椒調味。

4 將作法 3 盛盤，撒上作法 2 的煙燻鮭魚，再點綴上裝飾用羅勒葉。

5 依個人喜好淋少許檸檬汁後，即可享用。

2

20 分鐘

2 人份

酪梨鮮蝦義大利麵
Pâtes avocats crevettes

仍記得和朋友在南法借了間房子，一起度過的那個夏日假期。
那時，我的先生做給朋友吃的這道料理，讓身為義大利麵控的法國人讚不絕口。
味道濃郁的酪梨搭配鮮美Q彈的蝦仁，如此組合再加上濃厚的大蒜味，著實會讓人上癮。
就算冷了依然可口，甚至光看外觀就能感到沁涼。非常推薦在炎炎夏日裡享用。

材料

義大利麵…200g
酪梨（切成小塊）…1 顆
蝦仁…80g
大蒜（切碎成末）…2 顆
橄欖油…4 ～ 5 大匙
鹽、胡椒…適量

作法

1 將切塊酪梨放入容器中加橄欖油 1 大匙，並撒上胡椒，用湯匙壓碎至表面質地呈糊狀。

2 在鍋中倒入大量開水煮沸後，放適量鹽（額外份量），依照包裝上的步驟烹煮義大利麵。

3 待義大利麵煮熟期間，於平底鍋中倒入橄欖油 3 ～ 4 大匙加熱，轉至小火爆香大蒜，等香味出來後加蝦仁拌炒，蝦仁熟透後取出備用。接著在同一平底鍋放入作法 2 和義大利麵的煮汁 1 大匙，並以鹽、胡椒調味。

4 將作法 3 的義大利麵盛盤，在最上層淋作法 1，再撒上作法 3 的蝦仁。

1

3

法國男性好會做菜！

法國男性的料理技術非常高超！大部分的男性都扎實地承襲了本
書前面提過的那「媽媽的味道」。在法國社會裡，幾乎皆是以男
女共同外出工作的模式來運作。於是，由夫妻一同做家事、育兒
被認為是理所當然的事。也因此，男孩們從孩提時期起便對做家
事等十分在行。

其中，特別是鍋類及烤箱類料理，無論是在哪個家庭裡都是由男
性來負責，不管是每天端上桌的私房菜，還是招待朋友們來參加
的派對，都可以看到他們活躍的身影。像是撬開新鮮生牡蠣、取
出烤箱中熱騰騰的烤肉、或者是幫大家切菜分菜等，這些全都是
法國男性們搶著做的事。另外，在聚會用餐時，幫忙倒酒也是他
們的職責。當我去參加法國朋友家裡舉辦的派對時，同行的日本
友人們，看到這些和日本完全相反的景象，各個雙眼圓睜，露出
了相當驚訝的表情，接著異口同聲地發出：「真好啊～」的輕嘆。

Chapter 5
甜點

DESSERT

儘管肚子已經很有飽足感了，但無論是小孩還是大人、女性或是男性，大家所引頸期盼的就是餐後的甜點！法國人最喜愛的就是巧克力製成的糕點，以及那充滿「媽媽愛」的塔、派類料理。而本章介紹的是，除了擁有道地風味之外，還能輕便且快速完成的簡單甜點食譜。

法式國王派
Galette des rois

這是在法國，每當主顯節（1月6日）到來時，必定會出現在餐桌上的一種冬天的傳統甜點。
國王派中放了杏仁奶油餡和幸運物「Fève」（以陶器製成的小裝飾）。
通常會由家族中年紀最小的小孩切派，並指定在場的每個人該吃哪一塊，
吃到藏有幸運物的國王派的人便成為那一天的國王（或女王）。
在法國，每年親朋好友都會齊聚一堂玩著這樣的遊戲。

材料（一個塔模型（直徑 23 ～ 25cm）的量）
派皮…2 張（可依模型大小合併組合）
蛋黃液…1 顆量（用於黏封開口＆塗抹派皮表面）

杏仁奶油餡
雞蛋…2 顆
杏仁粉…120g
細砂糖…120g
無鹽奶油（使用前放於室溫下備用）…120g
蘭姆酒…1 大匙

4

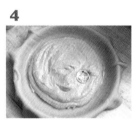

7

作法

1　先製作杏仁奶油餡：奶油放入容器中，倒細砂糖並以攪拌器拌至顏色泛白。

2　將蛋液慢慢倒入作法 1 中攪打均勻。

3　作法 2 中加入杏仁粉、蘭姆酒，攪拌均勻成杏仁奶油。

4　派皮鋪到模型上，留下離邊緣約 1.5cm 不要放餡料，中間鋪上作法 3 塗抹均勻（可於此時埋放幸運物）。

5　在留下的 1.5cm 邊緣處塗上一層蛋黃，再蓋上另一張派皮避免空氣進入。接著以手指大力按壓派皮邊緣，使之完全密合。

6　以刀子切除超出模型的派皮。

7　表面以刷子刷上蛋黃後，再用刀子在派皮上畫出些許花紋。

8　用牙籤在派上戳幾個洞，最後放入預熱至 180℃ 的烤箱，烘烤約 30 ～ 40 分鐘。

memo

在烘烤完成後，可趁熱用刷子在表面刷上糖水（將細砂糖 60g 倒入水 50cc 中煮至完全溶化），這是讓派皮出現漂亮光澤的小祕訣。另外，將派皮合併組合時，接口處很容易跑出杏仁奶油餡，記得要好好把接口處黏封。

2～3 人份

馬斯卡彭乳酪拌鮮奶油佐野莓醬
Mascarpone aux fruits rouges

馬斯卡彭乳酪（Mascarpone Cheese）是法國人最喜愛的乳酪，
像是提拉米蘇等許多的甜點就是使用此款乳酪製作而成。
不過在此我要推薦的食譜，是只要在家中將材料混合攪拌，即能輕鬆完成的簡易甜點。
紅莓的酸味搭配香味濃郁的鮮奶油，這樣出色的味蕾調和，嘗一口便融化於舌尖之上。

材料
馬斯卡彭乳酪⋯125g
鮮奶油⋯50cc
細砂糖⋯1 大匙

野莓醬
木莓、覆盆子、藍莓、草莓等莓果類⋯300g
細砂糖⋯50g
檸檬汁⋯½顆量

2

2

作法
1 將鮮奶油倒進鋼盆中，以攪拌器攪打至表面呈現些
　許紋路狀般的硬度即完成。
2 取另一盆放入馬斯卡彭乳酪、細砂糖，並以攪拌器
　攪拌至表面質地呈滑順狀。將作法 1 的鮮奶油分數
　次加入盆中，每次皆輕輕混合均勻（注意不要過度攪
　拌），完成後放入冰箱冷卻備用。
3 製作野莓醬：莓果全數放進小鍋，加細砂糖、檸檬
　汁，開火。待沸騰後轉為小火，以搖晃鍋身的方式
　煮約 2～3 分鐘（煮至水分略為收乾）。放涼後入冰
　箱冷卻。
4 作法 2 盛盤，淋上作法 3 的醬汁即成。

memo
只要是帶有酸味的水果皆適合
拿來製作。

法式杏桃塔
Tarte aux abricots

一說到法國媽媽們拿手的代表甜點，就會想到水果塔。
只要利用市面上販售的「塔皮」來製作，就能輕鬆完成料理。
無論是新鮮的還是罐裝的水果、亦或是在 P.125 也介紹過的瓶裝水果等，全都能運用於此道食譜。
帶有些許酸味的杏桃與具有濃醇香味的杏仁醬，激盪出無與倫比的美味！

材料（一個塔模型（直徑 20cm）的量）

杏桃（切成橘瓣狀）…260g
＊使用新鮮的或罐裝的皆可
塔皮…配合模型的大小來重疊組合
＊也可使用派皮
細砂糖…適量

杏仁醬
無鹽奶油（使用前置於室溫下備用）…50g
細砂糖…50g
雞蛋…1 顆
杏仁粉…50g

作法

1 製作杏仁醬：奶油放入鋼盆中，加細砂糖，以攪拌器混合均勻。再依序加入雞蛋、杏仁粉，分次攪拌均勻。
2 塔皮鋪放至模型上，再把超出模型的部分切除。
3 將作法 1 倒入作法 2 中鋪平，在最上層鋪排切好的杏桃片，並撒上細砂糖。
4 放進預熱至 200℃ 的烤箱，烘烤約 30 ～ 40 分鐘。

memo

在法國，到處都有販賣一種名叫「塔皮」質地的餅皮，但若無法取得也可使用普通的派皮。另外，記得把杏桃片毫無空隙地鋪滿整個表層，直到看不見底下的杏仁醬為止，這是讓它看來更加可口的小祕訣。

櫻桃克拉芙緹
Clafoutis aux cerises

所謂的「克拉芙緹」，
是有著介於布丁和蛋糕之間的 Q 彈質地、如同在吃可麗露般口感的甜點。
這是法國媽媽們的拿手甜點裡，基本款中的基本款。
中間塞滿大量櫻桃，那甜甜酸酸的滋味，配上略帶甘甜的蛋奶麵糊，吃一口就令人難以忘懷。

材料（2 個烤布蕾模型（直徑 11cm x 高度 2.5cm）的量）

雞蛋⋯1 顆

細砂糖⋯25g

低筋麵粉（先過篩後備用）⋯25g

無鹽奶油（融化狀）⋯15g

牛奶⋯70cc

美國櫻桃⋯30 ～ 40 顆

糖粉⋯適量

3

作法

1 將全蛋打散倒進容器，加細砂糖以攪拌器混合均勻。

2 作法 1 依序加入低筋麵粉、融化的無鹽奶油、牛奶後，
  慢慢拌勻。

3 櫻桃擺放鋪滿至模型當中，倒入作法 2 的蛋奶麵糊，放
  進預熱至 190 ～ 200℃ 的烤箱，烘烤約 30 分鐘。

4 糖粉以篩網過篩後，撒在成品表面。

memo
可用新鮮或瓶裝的櫻桃來製
作。另外，若是以較大的模
型來製作的話，則建議稍微
增加其烘烤時間。

5 分鐘
（不含烘烤時間）

2～3 人份

熔岩巧克力蛋糕
Moelleux au chocolat

說到法國人最喜愛的甜點，就會馬上聯想到巧克力。

儘管已經很有飽足感了，但因為裝巧克力的是另一個胃，所以吃多少都不嫌多。

這道口感濕潤滑順的甜點，是無論大人還是小孩都為之瘋狂的一品。

趁著剛出爐時，搭配冰涼的冰淇淋和水果一起享用是最棒的。

材料（2～3 個杯子蛋糕模型（直徑 8cm）的量）

巧克力（切碎）⋯40g

無鹽奶油（使用前置於室溫下備用）⋯33g

細砂糖⋯25g

雞蛋⋯1 顆

低筋麵粉⋯1 小匙

粗鹽⋯少量

覆盆子⋯適量

薄荷葉⋯適量

糖粉⋯適量

作法

1　巧克力隔水加熱至完全融化（若是利用微波爐，則可視其融化情況加熱）。接著放入奶油並以攪拌器混合均勻。

2　作法 1 中依序加入細砂糖、蛋液，再倒入低筋麵粉及少量粗鹽，分次攪拌均勻。

3　作法 2 倒入模型，並放進預熱至 200℃ 的烤箱，烘烤約 15～20 分鐘。

4　趁溫熱時盛盤。糖粉用篩網過篩適量撒在表面，並點綴薄荷葉作裝飾。最後再擺上些許覆盆子。

memo

搭配鮮奶油及香草冰淇淋等一起品嘗也很美味。另外，加入少許粗鹽是為了帶出食材的原味。

蘋果香蕉蛋糕
Gâteau aux pommes et aux bananes

與其說這是蛋糕，不如説是把大量水果穿上蛋糕衣一般的甜點。
比如像家中突然有賓客來訪，必須在短時間內做出一道糕點時，這是最合適的食譜。
當然，若放入其他種類的水果來製作必定也相當美味，
但記得，其中一種水果需使用帶有酸味的，才是可口的祕訣。

材料（一個橢圓形烤皿（18cmx28cm）的量）

雞蛋…1 顆

細砂糖（紅砂糖為佳）…30g

低筋麵粉…50g

泡打粉…½ 小匙

無鹽奶油（融化狀）…25g

香草豆莢（切開豆莢，取香草籽備用）…1 支

＊也可改用香草精

蘋果…1 顆

香蕉…2 根

4

作法

1 蘋果切成厚度約 7 ～ 8mm 的 ¼ 圓片，香蕉則切成厚度約
 7 ～ 8mm 的圓片。

2 在鋼盆中將全蛋打散，依序加入細砂糖、香草籽、粉類，
 並以攪拌器分次攪拌均勻。

3 於作法 2 加入融化狀奶油混合均勻，再加入作法 1，並以
 橡膠刮刀大力拌勻。

4 作法 3 倒入橢圓形烤皿，放進預熱至 200℃ 的烤箱，烘烤
 約 20 ～ 30 分鐘。

10 分鐘

3 人份

焦糖布丁
Crème caramel

雖然表面酥脆的烤布蕾也十分吸引人，
但能在家中簡單完成、帶有溫醇風味的「布丁」式焦糖布丁才算是我的最愛，
可趁著在烘烤布丁期間製作焦糖醬。
品嘗時，毫不吝嗇地淋上大量焦糖醬是我偏好的吃法。

材料（3 個布丁烤杯（直徑 8cm）的量）

牛奶…200cc

細砂糖…40g

香草豆莢（切開豆莢，取香草籽備用）…½ ～ 1 支

＊也可改用香草精

雞蛋…2 顆

焦糖醬

細砂糖…75g

水…50cc

作法

1 將牛奶倒進鍋內，加熱到不至沸騰的程度，接著倒入細砂糖，待其融化後關火。放入香草籽混合均勻。

2 作法 1 移至鋼盆中，加入蛋液並以攪拌器拌勻。接著以篩網過濾倒入烤杯。

3 注入熱水至烤盤高度的一半左右，排放上作法 2 的烤杯。放進預熱至 180℃ 的烤箱，蒸烤約 30 ～ 40 分鐘。

4 趁著蒸烤作法 3 的期間來製作焦糖醬。將細砂糖倒進小鍋子，並以大火煮至呈黃褐色（其間可輕輕搖動鍋子，但請不要攪拌）。等到液體轉為燒焦般的咖啡色後，將鍋子移開爐火並倒入些許開水（注意，水花會一下子全飛濺出來，建議使用蓋子等物遮擋），接著再轉為小火拌勻。

5 作法 4 淋上作法 3 即大功告成。

memo

建議將剩餘的焦糖醬倒入容器中好好保存。可淋在冰淇淋、薄鬆餅上，搭配各種甜點享用。

chapter 5 甜點 117

10 分鐘
（不含冷卻時間）

3 杯

奶茶果凍
Gelée de thé au lait

在法國，並沒有在販售名為果凍的點心，陳列在甜點櫃上的盡是優格和烤布蕾。
許多法國人並不那麼喜歡果凍類的製品，
但這道有著濃醇香味的奶茶果凍，卻讓我的巴黎朋友們讚不絕口。
在結束份量十足的主餐後，若能端出這道冰涼爽口的甜點，必會讓人喜出望外。

材料

鮮奶油（裝飾用）…60cc
細砂糖（裝飾用）…½ 大匙
薄荷葉（裝飾用）…適量

果凍

紅茶茶包…2 包
牛奶…300cc
鮮奶油…50cc
細砂糖…3½ 大匙
吉利丁粉（以 2 大匙的水泡發）…5g

3

作法

1 在小鍋子中倒進牛奶、細砂糖，加熱至快要沸騰的程度，接著放入紅茶茶包煮至充滿濃厚紅茶味為止。

2 作法 1 倒入泡發後的吉利丁，攪拌至均勻融化。

3 作法 2 以篩網過濾移到鋼盆裡，將鋼盆底部放置冰水中，攪拌放涼。

4 鮮奶油倒入作法 3 中，以攪拌器混合均勻，裝入容器並放進冰箱待冷卻固定。

5 將裝飾用的鮮奶油、細砂糖倒入盆中，用攪拌器打發至呈柔滑的乳狀。

6 作法 5 淋到作法 4 上，最後再以薄荷葉點綴。

Les Conserves- Maison de Maman
法國媽媽們自製的保存食物

在法國人的早餐桌上，烤法國麵包是基本配備。而説到法國麵包最不可或缺的搭配物，就會馬上聯想到果醬。雖然市面上有販售各式各樣不同種類的果醬，但還是由法國媽媽們自製、那裝著一顆顆水果的果醬最為特別。她們在當地的市場裡採購大量當季水果，像是草莓、藍莓、杏桃、櫻桃、蜜黑棗等，回家後，竟然一次就能製作出一整年份的果醬。住在巴黎的朋友們每次回老家，總會帶來許多由媽媽大量製作的手作果醬，我偶爾也會幸運地收到幾罐。除了法國麵包外，優格、冰淇淋、可麗餅、薄鬆餅等也都可以拿來做搭配，我喜歡一個個地搭配果醬享用。

同樣地，當地原本就有著將蔬菜及水果裝瓶保存的習慣。據説至少能夠保存一年以上。而這些保存食物並不需開火，可直接搭配食用，是十分方便好用的食材。以蔬菜來説，最常使用的是花椰菜、蘆筍、四季豆、番茄、綠色花椰菜等蔬菜；而水果則是桃子、西洋梨、櫻桃、草莓等，大致上所有水果都可以裝瓶保存。從以前開始，大量購入當季蔬菜和水果製作成保存食物，就是法國媽媽們的重要工作。

開始製作果醬！
Confitures

將草莓的蒂頭摘除。

在草莓上撒滿細砂糖並混合均勻
（在法國有販售專門製作果醬的細
砂糖）。

直到細砂糖融化、草莓出水，會花上好
幾個小時甚至一個晚上的時間。

一邊去除苦澀味，一邊咕嚕咕嚕地慢慢熬煮
攪拌吧。

在預先冰進冷凍庫的盤子上滴幾滴果醬試試看，如果把盤子傾斜也不會流動，就表示果醬收乾收得差不多了。

將完成的果醬裝進已煮沸殺菌的廣口瓶裡。

把食用蠟倒入裝瓶後的果醬表面，蓋上瓶蓋後才能長期保存。

完成！

法國媽媽特製的果醬大約有一年以上的保存期限（為增加保存期限，會加入大量的砂糖！）。一整年都可以享受到用季節性水果製成的高價果醬。

瓶裝蔬菜
Conserves Légumes

經常出現並活躍於主餐旁的配菜角色，就是瓶裝蔬菜。若是同時搭配好幾樣，盤上的色彩也就頓時繽紛了起來。

來燉煮蔬菜吧。這次使用的是花椰菜。

接著是榨檸檬汁（根據不同蔬菜斟酌使用）。

加入熱鹽水（依照水1L加入鹽10g的比例）和檸檬汁，與野菜一同醃漬浸泡。

將廣口瓶煮沸消毒後，若橡膠封口呈緊緊密合的狀態，即成。

瓶裝水果
Conserves de Fruits

和果醬相同的吃法，可放在優格或冰淇淋上。即使直接拿來吃也是一道美味可口的甜點。

將西洋梨的外皮去除，切成方便入口的大小後裝進廣口瓶裡。

接著將糖水倒進瓶中，直到完全淹沒西洋梨為止。

和瓶裝蔬菜一樣，緊緊地蓋上橡膠封口後一瓶瓶煮沸消毒。

只要依照上述步驟製作，全年中無論何時都能拿出來品嘗分享。

也試著在家中做做看吧。

這是從法國媽媽那裡學來的保存食物食譜。我試著換掉了中間的主角，也改成了比較容易製作的份量及較簡易的步驟。

蜜黑棗果醬

放了一顆顆帶有酸甜滋味水果的果醬，非常適合搭配牛角麵包或優格一同享用。

材料（3個廣口瓶的量）
蜜黑棗…1 kg
細砂糖…500g
檸檬汁…1 顆量

作法

1　廣口瓶煮沸消毒約 5 分鐘，晾乾後備用。

2　蜜黑棗的籽取出，切成適當大小，撒上細砂糖靜置 2 ～ 3 小時（待細砂糖完全融解、水果出水即可）。

3　轉開大火將作法 2 煮沸，待苦澀味去除後轉為小火燉煮約 30 分鐘。燉煮過程中，記得稍微壓碎蜜黑棗塊再加入檸檬汁。

4　在預先冰進冷凍庫的盤子上，稍微滴幾滴果醬，若盤子傾斜也不會流動，就表示果醬已差不多完成了。

5　趁熱裝入廣口瓶中，關上蓋子後立刻倒轉瓶身放涼。

memo

如果想要將果醬長期保存，裝瓶後再脫氧殺菌（將瓶中的空氣減到最低，呈現真空狀態）是必須的步驟。不過若是打算在 2 ～ 3 個月內就食用，使用本食譜的方法就可以了。只要用相同的份量，也可拿來製成草莓或杏桃等水果的果醬。

瓶裝蘆筍

顏色鮮豔且外表美觀的瓶裝蘆筍。

材料（1個廣口瓶的量）
蘆筍…250g（約20根）
鹽水（熱水400cc放入鹽4g攪拌均勻）

作法
1 廣口瓶煮沸消毒約5分鐘，晾乾備用。
2 把蘆筍切成與瓶身相當的高度後，煮約
  2分鐘至熟透為止。
3 在廣口瓶中塞滿蘆筍，倒入鹽水至完全
  淹沒蘆筍，關上蓋子。
4 鍋中注入幾乎淹沒廣口瓶高度的熱水（記
  得要固定廣口瓶，讓它不在鍋內浮動），等
  沸騰後再煮約一個半小時來消毒（待放涼
  後，若橡膠封口有呈現緊緊密合的情況，即
  表示已密封完成）。

瓶裝草莓

不會太甜膩且帶有些酸味的瓶裝草莓。

材料（1個廣口瓶的量）
草莓…400g
糖水（熱水400cc加入細砂糖150g後攪拌均勻）

作法
1 廣口瓶煮沸消毒約5分鐘，晾乾備用。
2 把草莓的蒂頭摘除後，縱切成一半。
3 在廣口瓶中塞滿草莓，倒入糖水至完全淹沒草
  莓為止，關上蓋子。
4 鍋中注入幾乎淹沒廣口瓶高度的熱水（記得固
  定廣口瓶，讓它不在鍋內浮動），待沸騰後再煮
  約30分鐘來消毒（放涼後，若橡膠封口呈現緊緊
  密合的情況，即表示已密封完成）。

memo

保存食物用的廣口瓶蓋子，有的是罐頭類
的瓶蓋，有的則是橡膠製的封口。請依照
製造廠商的標示來操作使用。

後記

Bon Appétit
請盡情享用！

這是我第一次在國外生活，也是第一次一個人生活。還記得當時，我抱著悸動不已的緊張心情，就這樣搭上了飛往法國的班機，原本就是個貪吃鬼的我，在嚴冬暴風雪吹拂下的巴黎街頭，一手拿著旅遊書，一手拿著可口的麵包和甜點，就這樣度過了邊走邊吃的每一天。最誇張的是，還曾在短短 2 個月內就胖了 8 公斤，也算是締造了相當厲害的紀錄。

而這樣的我，一點一滴地知曉了法國飲食文化的豐富及多元，也漸漸學會了如何在當地市場裡採買食材，更深切地體會到法國的「家庭料理」有著不輸餐廳的美味，每一道都相當精采有魅力。因此，希望各位翻開這本食譜書時，也能夠感受到法國家庭中，那餐桌上的迷人風情。

最後，我要對那些傳授我許多「家庭料理」的法國朋友們、朋友的媽媽們，以及所有參與出版這本出色食譜的工作人員們，由衷地致上我最高的謝意。

殿 真理子

品味生活 系列

吐司與三明治的美味關係

于美芮 著／定價：340元

這是一本吃吐司的書，也是一本玩吐司的書。又節食了一週，餐餐都在計算卡路里，假日就放自己一馬吧！週六睡到自然醒，起床後，一邊瀏覽雜誌，一邊享受一份新鮮手作三明治早餐，原來，寶貝自己簡單的不得了！

健康氣炸鍋教你做出五星級各國料理：開胃菜、主餐、甜點60道一次滿足

陳秉文 著／楊志雄 攝影／定價：300元

煮父母＆單身新貴的料理救星！60道學到賺到的五星級氣炸鍋食譜，減油80%，效率UP！健康氣炸鍋的神奇料理術，美味零負擔的各國星級料理輕鬆上桌。

燉一鍋X幸福

艾蜜莉 著／定價：365元

去買一只好鍋吧！然後，用快樂的心情為自己下廚做頓好料理，善待你的鍋，就是善待生活，最終你會體會，日日都美好！書中除了收錄作者的私房好菜，還有許多有趣的廚房料理遊戲和心情故事。

遇見一只鍋：愛蜜莉的異想廚房

艾蜜莉 著／定價：320元

因為在德國萊茵河畔的遇見一只鍋，愛蜜莉的生活從此不同，她大方邀請大家一起走進她的異想廚房，分享生活中的點滴和輕鬆料理的樂趣。找一天早點回家，跟餐桌來個約會吧！

果醬女王

于美芮 著／定價：320元

台灣一年四季有太多不同的好水果，果醬的存在令人雀躍，因為過了水果產季，還是能隨時品嘗到水果的美味食物。學習傳統法式料理與甜點的作者，想和大家分享這原始又單純的甜美和想念的滋味。

首爾咖啡館的100道人氣早午餐：鬆餅X濃湯X甜點X三明治X飲品

李智惠 著／定價：350元

超過800萬人次關注！韓國超人氣部落客不藏私的食譜大公開！草莓可麗餅、格子鬆餅、馬卡龍、煙燻鮭魚貝果堡……蒐集首爾咖啡館最受歡迎100道早午餐點，讓你在家也能享有置身咖啡館的幸福。

烘焙家 | 系列

一顆蘋果做麵包：
50款天然酵母麵包美味出爐
橫森 あき子 著／定價：290元

只要一顆蘋果加上麵粉與水即能做出美味的天然麵包。由蘋果所發酵的酵母，以裸麥、全麥麵粉烘焙出的麵包，少了人工添加物的香精味，多了自然健康的麥香，全書50款鄉村風味的天然酵母麵包，讓你享受天然的美味。

一學就會！60款人氣糖果：
輕鬆做出甜蜜好味道
陳佳美、許正忠 著／楊志雄 攝影／定價：380元

手作糖果的不敗祕技，全書90種糖果製作常用食材，60款超人氣美味糖果，法式經典軟糖、古早味米香、濃郁奶香牛軋糖、傳統節慶的寸棗……超過800張步驟圖，Step by Step，輕鬆做出甜蜜好味道！

麵包職人的烘焙廚房：
50款經典歐法麵包零失敗
陳共銘 著／楊志雄 攝影／定價：330元

50款經典歐、法、台式麵包，樹枝麵包、裸麥麵包、羅勒拖鞋、橙香吐司……從酵母培養到麵種製作，直接法、中種法、液種法與湯種法等，超過500張步驟圖詳細解說，教你做出職人級的美味麵包。

手感烘焙：歐風×日系天然酵母麵包
李宜融 著／楊志雄 攝影／定價：320元

從天然酵母的培養，到麵包出爐的感動！全麥種、酒種、魯邦種……菌種培養法大公開，直接法、液種法、湯種法……麵團發酵法大解密！嚴選歐日經典風味，超過500張步驟圖詳盡示範，在家也能輕鬆做出職人等級的美味。

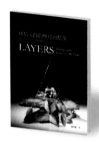

烘焙大師的酥皮西點課：
塔、派、捲 創意點心50道
閔言樂 著／定價：400元

本書有十數種基本酥皮麵團的做法，並以此為基礎，變化出50道獨具創意的甜鹹點心，只要掌握住製作麵團的技巧，你也可以做出個人專屬的創意點心！作者為香港四季酒店的甜點主廚，同時也是台灣知名的人氣烘焙食譜作家。

古風歐陸麵包
閔言樂 著／定價：380元

在本書裡，作者精挑四十多款經典和常見歐陸麵包，介紹它們的家常作法，透過詳盡講解和清楚的步驟分解圖，化繁為簡，讓人人都可以在家烘焙出正宗的古歐風麵包。